中公新書 1948

宇田賢吉著

電車の運転

運転士が語る鉄道のしくみ

中央公論新社刊

はじめに

私は、１９５８年に国鉄に入社しました。それから、２０００年に定年で退職するまでの42年間、そのほとんどを運転士として勤務してきました。鉄道に興味を持っている人は多いのですが、電車を運転する機会はまずありません。それらの人々を含めた読者に、「運転士」という職業がどのような技能と判断に基づいて行われているか、運転士がなにを考えて仕事をしているかを感じ取ってもらうことが本書の主眼です。

どのような手順で日々の仕事が行われているか、鉄道、特に電車を動かす仕組みがどのようなものであるか、述べたいと思います。鉄道の単なるＰＲではなく、興味本位に偏らず、電車が何事もなく目的地に着くまでを解説してゆきます。

この本を読んだあとで電車に乗ったとき、自分の乗っている列車の運転士がなにを考え、どんな気持ちで運転しているかを想像していただければと思います。

各章の扉に引用した詩歌は、運転士の思いを率直に表現していて私の気持ちを代弁していると感じたものを折にふれて書き留めたものです。それぞれの章のテーマを端的に述べることが出来たことを記して作者の方々に謝意を表したいと思います。

電車の運転　目次

第3章　走る――駅から駅まで 53

第4章 止まる

第１章　鉄道の特徴

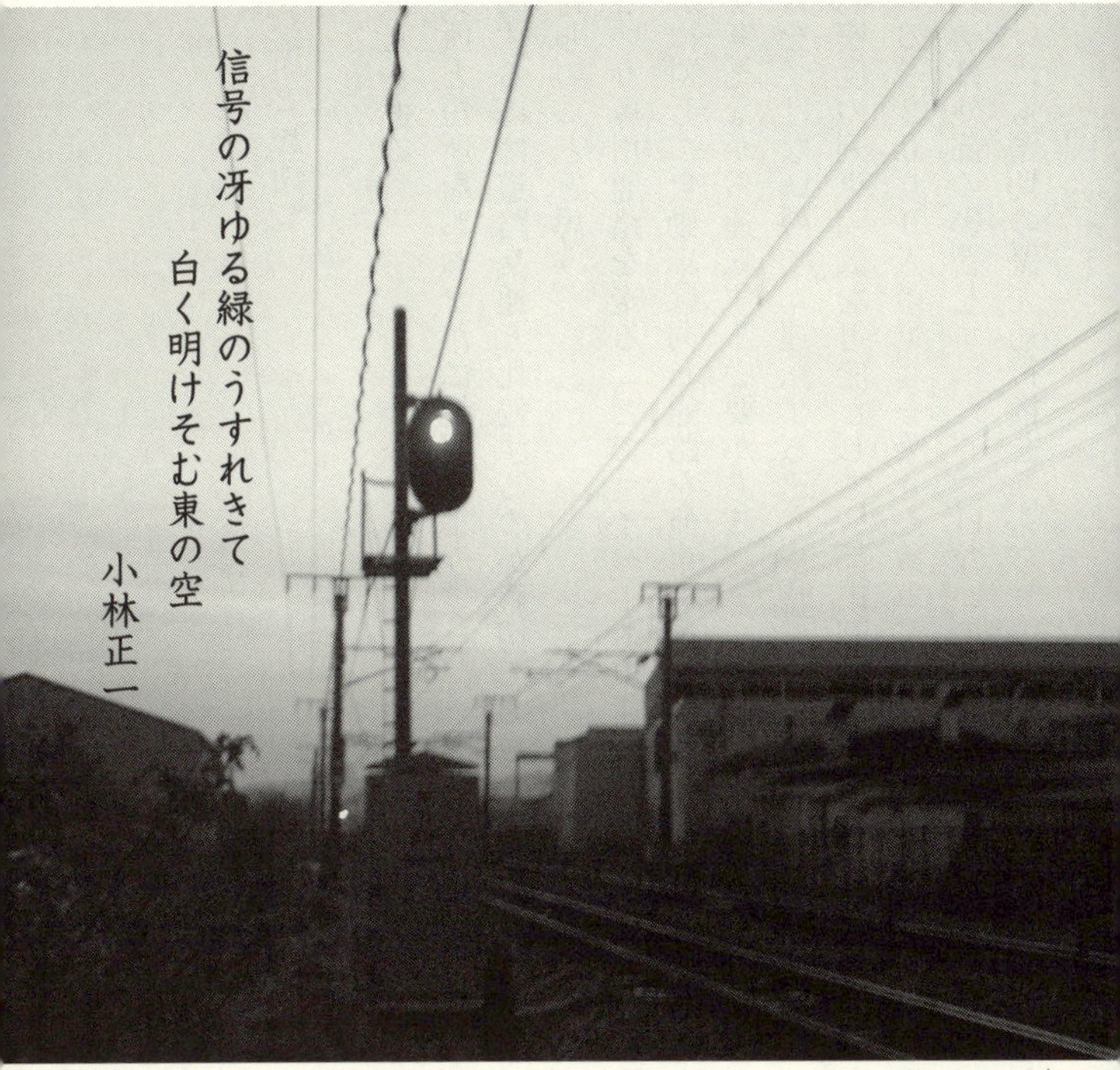

信号の冴ゆる緑のうすれきて
白く明けそむ東の空
小林正一

福山～備後赤坂

1　鉄道の長所と短所

決められた道＝レールを走る

最初に、鉄道の長所と短所をおおまかに説明しよう。

鉄道の特徴を説明するには道路交通と比較するのが適切であろう。読者の過半数は自動車を運転した経験をお持ちのことと思う。

まず鉄道は線路という専用通路を走ることでマイペースの運転が可能であることを、長所として挙げよう。これに対して自動車は同じ通路を他車も混じって走るので、常に他車の進路やスピードとの協調を考えながら運転する必要がある。

鉄道は外部の影響を受けないので、運転する速度や時刻などを厳密に設定することが可能である。それがまた高密度の列車回数を可能として、都市圏の電車に見るような大量高速で正確な輸送を実現している。2000人の乗客を乗せた電車が2分間隔で運転する様を想像してほしい。厳密には、鉄道は外部の影響をまったく受けないのではなく、たとえば踏切では道路と交わっているが、幸いにも踏切の優先通行権を与えられているので人や自動車の動きにかかわらず運転することが可能である。

さらに、新幹線の時速300㎞走行に代表される高速運転は、自分が進路を確保する自動車方式では無理であろう。

これらはレールという融通の利かない通路を走行するために可能である。同時に自動車では困難とされる車両連結を可能として、大単位の輸送を実現している。JR山手線の11両編成の旅客定員は1628名、これをバスや乗用車で運ぶとすればどれほどの設備と要員を必要とするだろうか。

鉄道の長所を生かした典型例　都市圏においてこれほどの大量輸送機関が他に考えられるだろうか（新宿駅）

反対に、レールに制約されることから短所も多い。後述の閉塞《へいそく》方式（第6章）で述べるように、道路交通のような自由自在な走り方は望むべくもなく、わずかな障害によって広範囲で正常運転ができなくなることが多い。1本の列車が故障で動けなくなると続行列車が全部停《と》まってしまう。自動車のように故障車の脇《わき》を通って追い越すとか、迂回《うかい》するなど臨機の対応は無理である。

長所を生かしているか

歴史的に見れば、19世紀に誕生した鉄道が普及したあと、20世紀初頭に自動車が登場した。自動車の普及していない時代、鉄道は唯一の交通手段だった。全国の津々浦々にローカル線が建設された。一家に何台も自動車が普及している現在では、それらの多くは乗客の減少によって廃止されている。識者によると、この順が逆であれば鉄道も自動車ももっと長所を生かした幸せな経緯を辿《たど》ったであろうという。この言葉は鉄道の長所を端的に衝《つ》いている。

自動車が普及して道路輸送が行き詰まったあと、救済手段として鉄道が登場したと仮定しよう。鉄道は現状よりも高規格で建設され、大量高速輸送という長所を生かせる存在になったことであろう。そうすれば、高速道路を大量のトラックが行き交うことはなく、いっぽうで輸送量の少ないローカル線が建設されることもなく、両者の健全な住み分けが続いているはずである。

鉄と鉄の組み合わせ

鉄道という名はレールが鉄であることから発生している。外国語の「鉄道」を直訳するとフランス語（voieferrée）やドイツ語（Eisenbahn）をはじめ「鉄の道」の意味であることが多いが、英語のみは「レールの道」（railway）である。イギリスでは鉄レールの登場以前からガイドされた専用通路が存在したためにこの名になったという。

鉄のレールと鉄の車輪という組み合わせは走行抵抗が少ないことが最大の長所となる。ゴムタイヤと道路面にくらべるとレールと車輪の接触はわずかな面積であり、転がり摩擦の数値はきわめて小さくなる。転がり摩擦とは車輪とレールのように順次接触してゆく箇所の摩擦力である。対する言葉はすべり摩擦で、ブレーキシューとブレーキドラムのように滑って移動する面の摩擦力をいう。

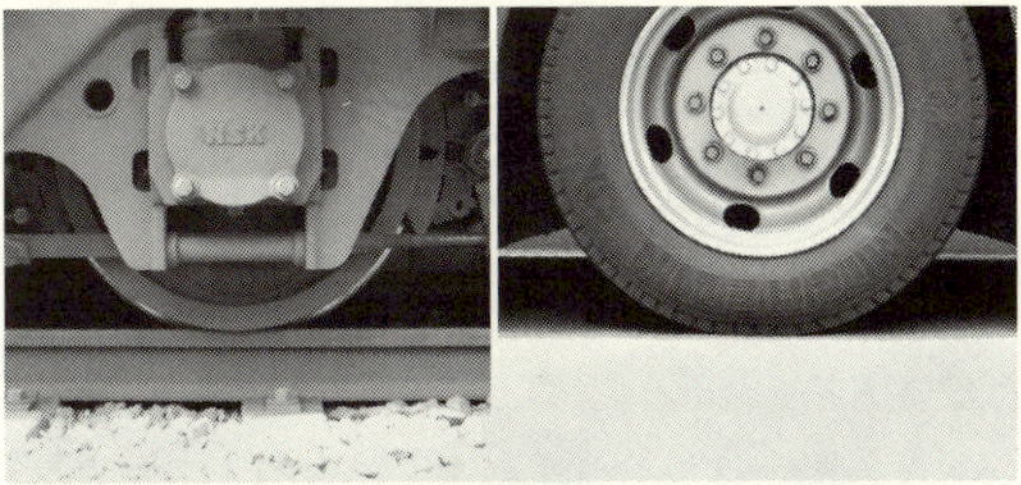

電車（左）とバスの車輪の比較　接地面積の違いを見るだけで走行抵抗の差を実感できる。レールに乗るために負担できる重量もはるかに大きい

人力で移動できる実例　いくら軽い客車でもゴムタイヤでは無理であろう（伊予鉄道の坊っちゃん列車。松山市駅）（写真・吉原秀樹）

車輪とレールの接触面が小さいことは単位面積あたりの圧力（重量）が大きいことになる。そのため、レールと車輪の間に噛《か》みこんだ雪や雨は大きな圧力でほとんど排除される。その結果、雪や雨に強いことになる。すべすべした鉄どうしの組み合わせにもかかわらず、スリップの可能性はゴムタイヤとぬれたアスファ

炭鉱から積出港まで勾配の少ない北海道では2000トンを超える石炭積みの貨車を１両の機関車が牽いていた（写真・毎日新聞社）

ルトの組み合わせの自動車よりはるかに低い。

また鉄どうしの組み合わせは大型化が可能であり、車体の大きい新幹線でも4軸の簡素な車輪が60トンの車両を支えている。アメリカでは線路強度が大きく１軸30トンを超えるものが普通であり、４軸では１２０トンを支えることができる。

走行抵抗が小さい

鋼鉄製のレールと車輪では、重量が大きくても走行抵抗がきわめて小さいことが特徴として挙げられる。なめらかなレールの上を真円の車輪が転がるのだから納得できよう。最近の電車では動力装置を持たない付随車の自重は30トン程度であり、走行抵抗は２００kg未満と計算される。大人３人が押せば発揮できる力であり、人力で車庫内を小移動する実例を見たことがある。

重い貨物列車を機関車1両が牽《ひ》く光景を見る機会があると思う。かつて北海道では2500トンの石炭列車を1100kW（1500馬力）の蒸気機関車が牽いていた。1トンあたり0・4kW（0・6馬力）となる。身近な比較をすると、JRの近郊型電車115系10両編成は2880kW（3860馬力）／400トン、1トンあたり7kW（9馬力）であるのに対して、乗用車のカローラは82kW（110馬力）／1400kgで、トンあたり58kW（78馬力）となって8倍以上の差がある。

最も身近な近郊形のJR115系　1両の重量は30トンを超えるが要する動力は意外に小さい（福山〜備後赤坂）

上り坂に弱い

重量あたりの出力が小さいことは経済面で長所となる反面、上り勾配《こうばい》で大きな弱点となる。勾配を登る抵抗は重量に比例するため鉄道も自動車も同じであり、鉄道にとっては走行抵抗の大きな割合を占める。したがって鉄道の勾配は道路よりもはるかに緩くする必要が生じてくる。鉄道の建設に当たっては、トンネルや橋《きょう》梁《りょう》が多くなり、わざわざ迂回ルートを作って勾配を緩

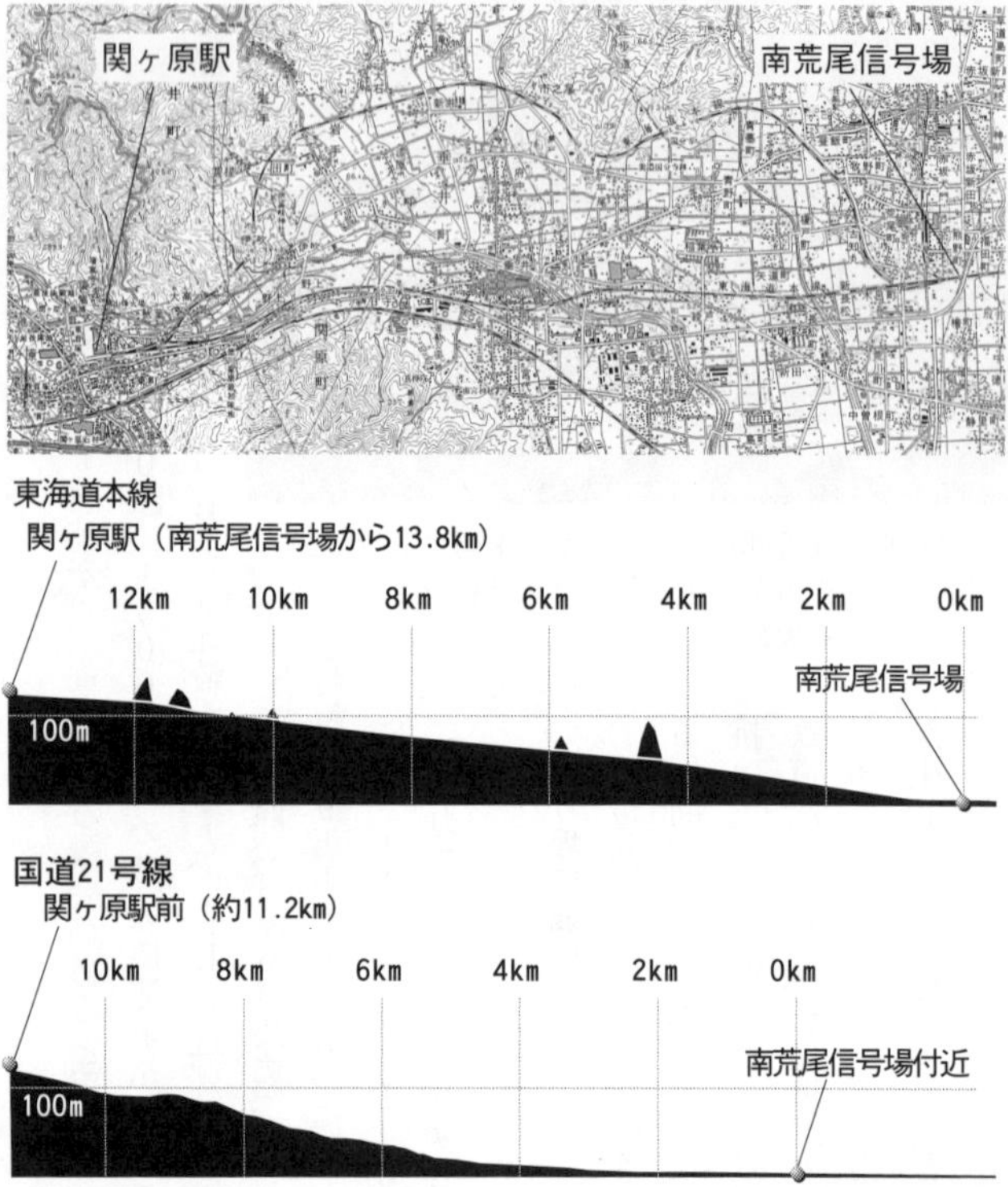

関ヶ原の断面図　濃尾平野から関ヶ原へ上るルートで国道21号線は地形に沿って上っている。東海道本線は勾配を小さくするため、ずっと手前から上り勾配が始まり、北よりの山麓を迂回して距離も延びている

和する場合も発生する。

自動車の勾配は立体駐車場などの1／6（水平に6m進むと1m高くなる。角度にすると約9度）が最急だという。鉄道では1／40（角度にすると1度強）あたりが常用の限度とされている。もっと急な線区もあるがその場合には建設・運転の不利を承知して受け入れることになる。

最急勾配の実例を挙げると、JR東海道本線は1／100、中央本線は1／40、長野新幹線は1／30などである。電車線区では1／40は普通であり、地下鉄などは1／30を常用している。

80‰（1／12.5）の急勾配を実用している箱根登山鉄道　全軸が動力軸であり、ブレーキ軸である電車によって可能となっている（出山信号場）

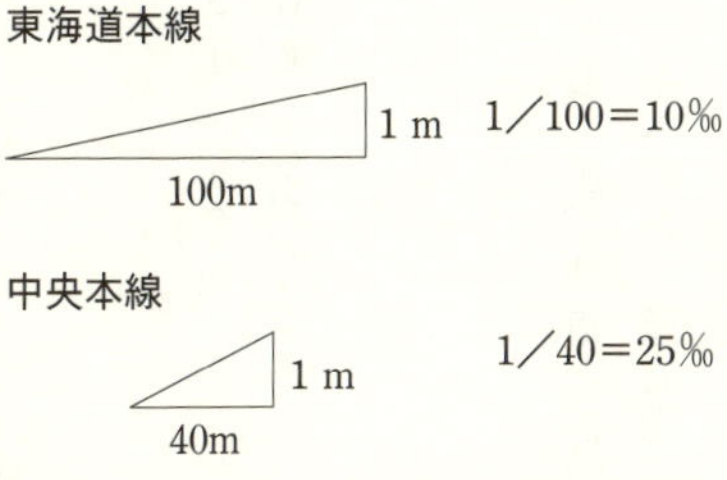

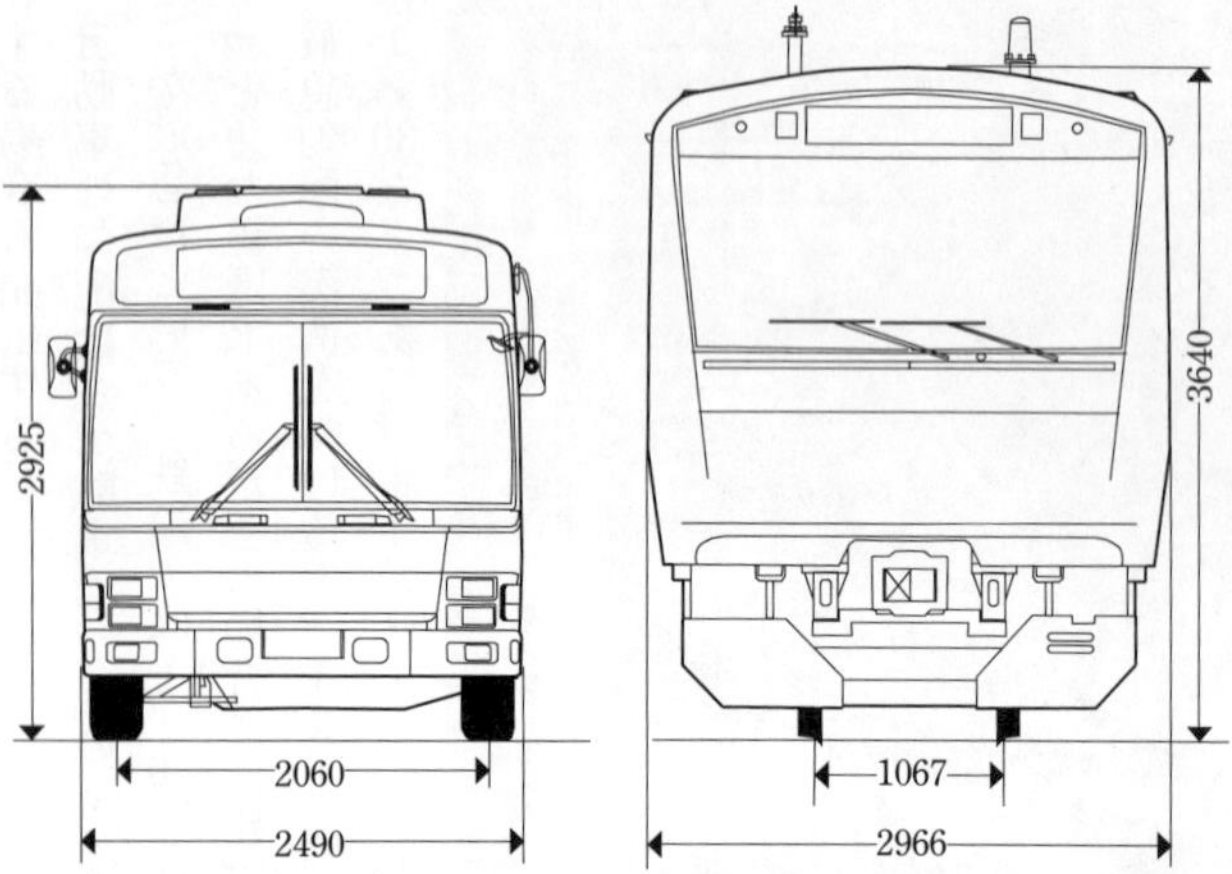

電車（JR東日本E233系）とバス（日野自動車ブルーリボンⅡ路線系ノンステップバス）の比較　鉄道が傾きに弱いことがわかる。曲線の通過では大きなマイナスとなる

最も急な箱根《はこね》登山鉄道は1／12・5である。

なお、鉄道では分数よりも‰（パーミル、千分率）を使うことが多い。1／40は25‰（25／1000）と表記する。

曲線にも弱い

曲線も鉄道の弱点となる。

曲線では遠心力が働くが、鉄道と自動車を正面から見てくらべると、遠心力による横からの力に対して鉄道は弱いことがよくわかる（上図）。支える両側の車輪の位置と車体の大きさ、重心の高さを勘案すれば、鉄道と自動車が同じ大きさの曲線を通過するさいには、鉄道の通過速度を自動車よりもずっと低くする必要が生じる。この欠点を小さくしようとすれば曲線を緩くする以外に方法はない。

逆に鉄道にとって急曲線である軽便《けいべん》鉄道の線形でも、自動車にとっては理想的な道路と映る。廃止された線路が道路に転用された例があるが、自動車で通れば無理のないスムースな走行を実感することができる。

軽便鉄道の廃線を利用した道路　特に緩い曲線とは思わないが走ってみると実にスムース（両備軽便鉄道の吉津～横尾）

N700系　新幹線にはじめて車体を傾斜させるN700系が登場し、時速210kmを想定して建設された曲線で時速270kmで走行することが可能となった

第7章に述べるとおり、このような曲線は高速運転の第一の障害となっている。建設当時は充分であっても、時代が変われば制約となることが多い。そうかといって、線路の移設や修正は不可能な場合が多い。東海道新幹線は1964年の開業当時は全区間を最高速度で走れる理想の鉄道であったが、1992年に時速220kmから270kmへと最高速度を向上させたことに伴って曲線の制限箇所を縫って加速と減速を繰り返す鉄道に変わってしまった。その後2007年には車体を傾斜させるN700系の登場で曲線通過速度が向上し、再び全区間を最高速度で走行することが可能となった。

進路の設定

道路交通との違いがもうひとつある。線路の分岐と合流はレールで設定されるため、運転士は操作に関わることができない。したがって自分の進路を選択することができず、設定された進路を信号機によって確認する受け身の立場となる。

そのいっぽう、駅サイドには進路設定を間違えないように行う義務が生じる。列車の運行が混乱すると、次に接近する列車の確認に神経をすり減らすことになる。運転士は自分の進路が設定されているものとして運転するから、進路の誤設定は事故の遠因にもなる。

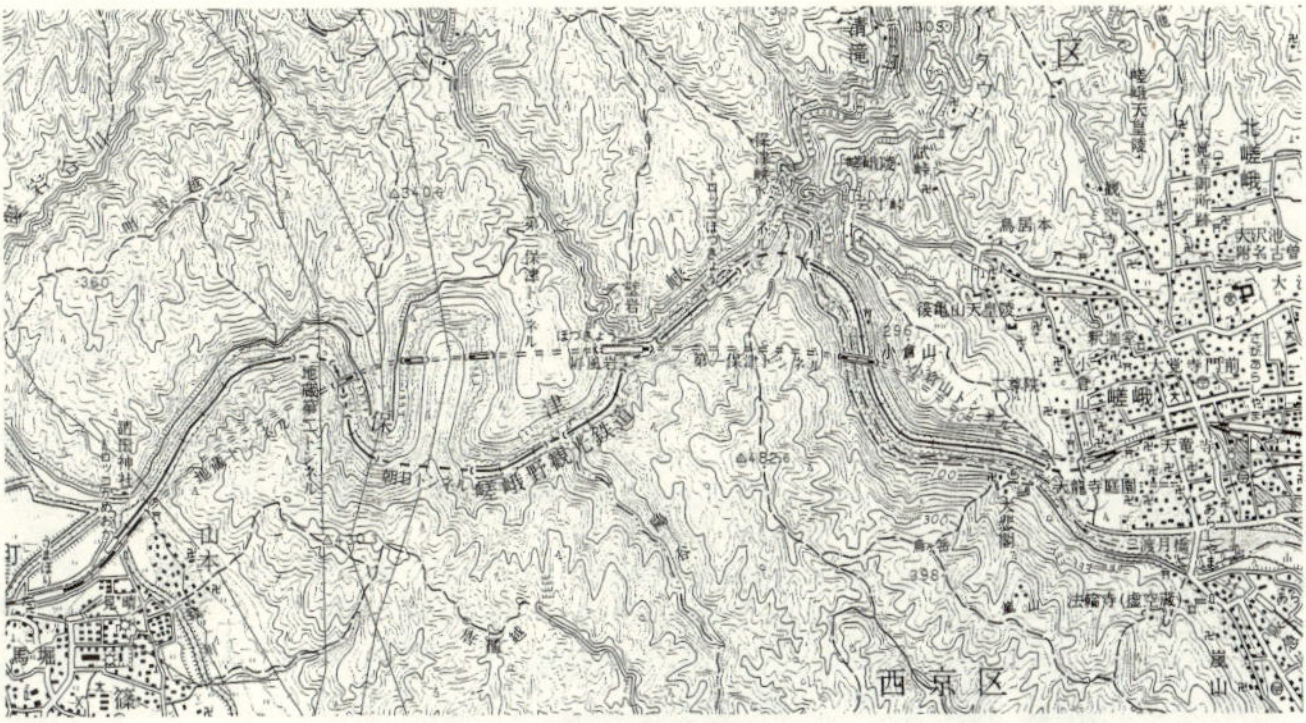

線路を改良した例　京都西方の保津川に沿う山陰本線はトンネルが多いが、以前は嵯峨野観光鉄道のルートが山陰本線であった

2　鉄道の特性を生かすために

限界内で最大の効率を

このように、鉄道は、走るための前提である諸条件の制約が多いだけに、その枠内で最大限の効率を追求することになる。

線路面では、曲線と勾配を緩やかに建設することに尽きる。建設後に改良された実例もあちこちに見ることができる。

効率のよい車両を

車両面でも最も効率のよい車両を作る必要がある。鉄道は、他の路線との互換性を考える必要がなく、自路線の線路設備と需要に適した様式の車両を作ることができる。自動車がどこでも走れるように厳しい法令の枠の制約を受けることとの好対照といえよう。高速運転を目的

500系　新幹線500系は目的をスピードのみに絞った例である。時速330kmの営業運転を目指したが、騒音制限のため時速300kmに抑えられたのは残念なことであった（写真・読売新聞社）

とするか、大量輸送を優先するか、少しでも輸送経費を抑えたいのか、身の回りの路線を見るだけで優先方針を観察することができる。

限度いっぱいの運転

線路などの設備が定まり、車両が揃《そろ》うと、それを最大限に活用する努力が払われる。最小限の車両で最大の輸送力を得たい。そのためには無駄をなくし車両の使用効率をよくすることが必要となる。つまり、最大の制約である曲線と勾配について極限に迫る運転を模索することになる。これは速度制限をどのように定めるかということに行き着く。

速度制限は緩いほど有利である。たとえば、時速１００kmで通過できる曲線の制限速度を時速80㎞などと設定すると、所要時間が延びてしまい、効率が悪くなる。

それでは、一番の問題である曲線の制限をどのように定めればよいだろうか。自動車では運転士が目測と実感から自主規制を行っているが、鉄道には応用できない。連結運転をしていれば後部車両の様子をつかむことは不可能であるし、動揺などの体感で判断していては急ブレーキを掛けても間に合わない。

曲線の大きさはその場で目測しなくてもあらかじめわかっている。車両の重心高さも計算できる。となれば諸条件に従ってあらかじめ速度制限を定め、全列車がそれに従うのが最も効率がよく安全である。

曲線の速度制限はこのようにして定められる。この速度制限の設定は、遠心力による脱線の防止が第一条件であるが、車輪がレールに導かれてなめらかに方向を変えていけるような速度に設定することも重要である。これには車両全体の支持方法やバネの性能も絡んでくる。むろん計算だけではなく、経験によるチェックも重ねられる。トラブルがあれば原因解析と制限強化が伴うし、レールや車両の精度向上によって制限速度の再設定を行うこともある。

下り勾配でも速度が制限される。鉄道では緊急時の停止距離が定められていることから、下り勾配によるブレーキ力の減少に見合った速度に下げる必要が発生する。

鉄道は経験工学

鉄道が経験工学と称されるのは、このように長い経験を積み重ねたデータに基づいているからである。それによって定めた限度は本当に限度いっぱいであり、わずかの超過も危険性に直結している。100㎞制限の高速道路を時速150㎞で走ってもただちに事故は生じないかもしれないが、鉄道では100㎞制限の曲線を時速150㎞で走ったら確実に事故に至る。運転士のテクニックで制限を超える運転は考えられない。

第2章　発車と加速

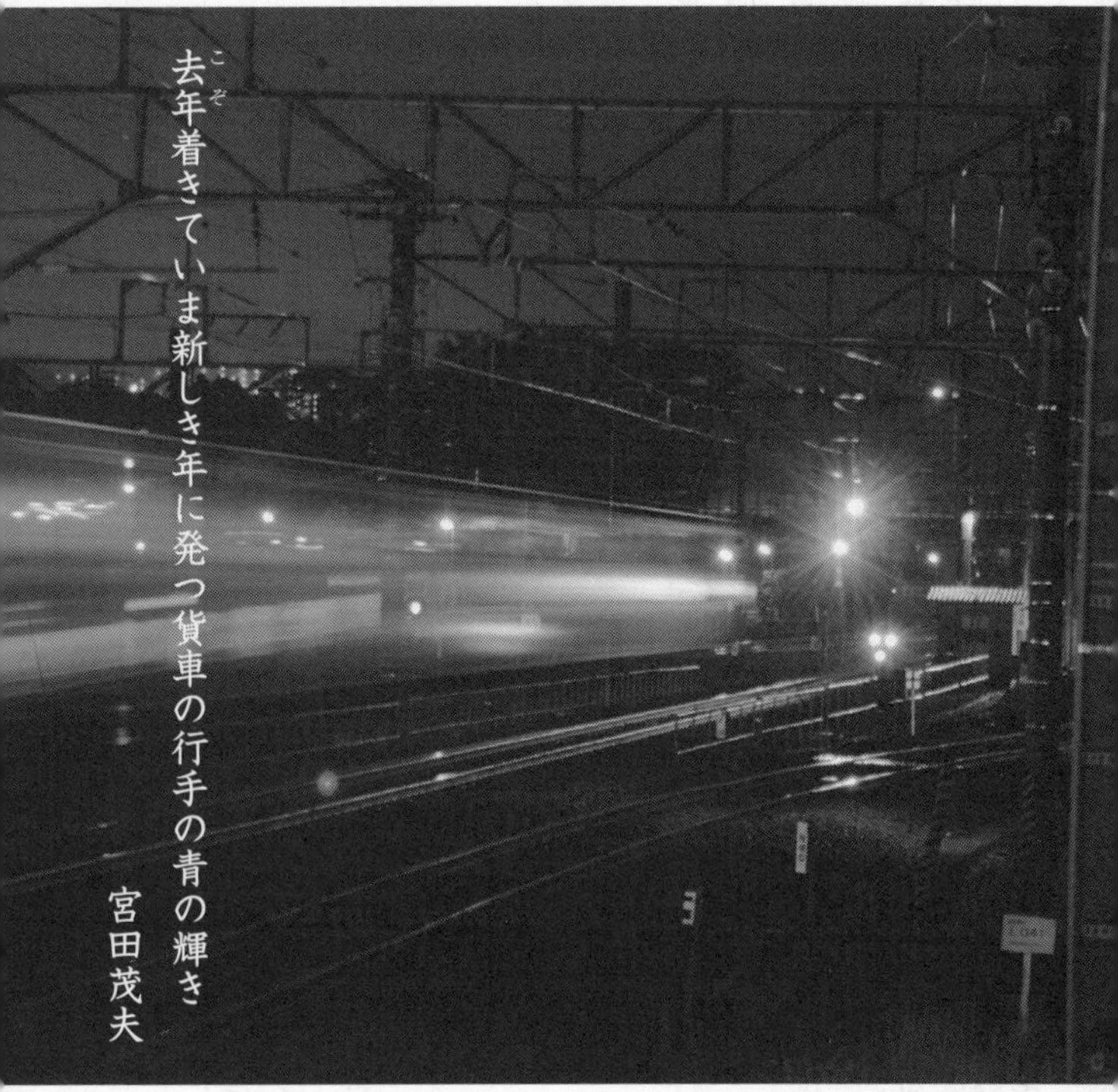

去年《こぞ》着きていま新しき年に発つ貨車の行手の青の輝き
宮田茂夫

府中本町駅

この章からは、運転台の運転士がなにを考え、どのような操作をしているかを見ていこう。ここは、昼下がりの山陽本線西阿知《にしあち》駅。115系上り普通電車が次駅の倉敷《くらしき》駅に向けてまもなく出発するところである。駅間距離は4・0㎞、最高速度は時速100㎞。運転士と一緒に前方を注視しているつもりになって読んでほしい。

1 運転士の立場から

発車の安堵

はじめに運転士席に座っている運転士がなにを考え、なにを判断して運転操作を行っているか、その心理を説明しよう。

発車のとき、運転士はなにを考えているだろうか。筆者の経験では「よし、動いた」である。理由は起動不能の故障を経験しているからである。

発車のための一連の操作を行っても列車が動かない。まさに心臓が凍る思いがする。40年間の乗務で2回ほど遭遇したのみであるが、相談相手なしに運転士1人で対処しなければならない。「故障箇所はどこか」「なにをすればよいか」と考えているうちに刻々と遅れが増えていく。

①0分0秒　ドア表示が点灯した。発車だ。出発信号機を見て両方の喚呼を行う。「出発進行」「発車」。右手はブレーキを緩め位置へ、左手はマスコンを5ノッチへ。コクンと起動。遅れは4秒。10秒刻みで読むので端数を切り捨てて定時だ。喚呼は「定発」

②0分19秒　時速38km　ホームの終端にかかった。加速は順調である。山陽本線の各駅は客車時代の名残でホーム長さは13両分ある。この電車は4両編成なのでホーム中央部に停車するとずいぶん可愛らしく見える。ホームの電車用への嵩上げは必要な部分のみ行われたのでホーム端部は低いままだ

③0分31秒　時速57km　出発信号機を過ぎる。直前でもう一度喚呼する。「進行」。加速はずっと順調だ。両側にある貨物待避線は使用休止であり、金光にある宗教団体の大祭のときのみ臨時列車の留置用として使用される

④0分40秒　時速71km　西紺屋踏切にさしかかる。一種自動（警報機と遮断機付き）であるが、自動車や人影が見えるとやはり緊張する。向こうから下り列車が接近してきた

⑤ 0 分46秒　時速74km　下り列車とすれ違う。広島カラーの115系3000番台の 4 両だ。この 2 扉車の編成がラッシュ帯に入ると停車時間がてきめんに延びる。JR 西日本では岡山支社と広島支社は115系の塗色が異なっている

⑥ 0 分53秒　時速80km　線路の左側に並行する道路は元の山陽本線の跡である。高梁川の改修によってこの区間は線路が移設されたので、今走っている区間は大正時代の建設である。このため、西阿知駅は付近の駅と異なり島式ホーム一本のみの配線となっている

⑦ 0 分59秒　時速85km　極楽寺踏切にさしかかる。踏切名は線路際にあるお寺の名前である。西阿知駅が新設されるとき、この付近も候補地だったという。駅名が極楽寺になったかもと楽しい想像もふくらむ。前方の曲線は R 1200、制限110の標が立っていた。もうすぐ第 2 閉塞信号機の確認地点だ

⑧ 1 分12秒　時速94km　若宮踏切が来た。加速は順調であり、駅間運転時間 4 分00秒なので、ここでノッチオフしても定時に到着できる。次の倉敷は乗客が多いので少し早着しようと力行を続ける。第 2 閉塞信号機が目前に迫ってきた。先刻の喚呼は「第 2 閉塞進行」
（以下55ページ）

機械は故障するものだという恐怖感は身に染み込んでいる。したがってコクンと起動すれば安心感に包まれる。最近の電車は、故障そのものが減少したことと長編成になったことから、部分が故障しても運転に支障を来さなくなって、こういう心理は少なくなったと思う。しかし故障の対処法はどの鉄道でも運転士教育の基本となっている。

落ち着いてマニュアルを読めればよいが、高密度の輸送現場ではその時間が許されない場合が多い。また長編成で走るよりも1列車あたりの車両の数を減らして列車本数を増やすサービス方針が広がり、動力装置が1組の列車も増えている。この場合の故障は即運転不能につながる。

出発合図

運転士は、出発するタイミングをどうやって決めているのだろうか。

貨物列車は運転士が時刻表に示された発車時刻を時計で確認して、自ら発車を決定するのが普通である。しかし、乗客の乗降を伴う旅客列車では何らかの合図を受けてから発車することがほとんどである。

出発の合図はほとんど車掌から受けている。乗客の乗り降りが終わり、ドアを閉めた車掌が、発車しても安全だと確認すると運転士に合図をする。車掌の合図は、ブザーによる音の合図、無線機などによる肉声合図、表示灯による視覚合図に分けられる。ワンマン列車では運転士が

（上）**115系の運転台**　計器がずらりと並んでものものしい。左から元ダメ・釣合ダメ圧力計、直通管・ブレーキシリンダー圧力計、速度計、ドア閉じ表示灯と時計置き、ブレーキ管・制御ダメ圧力計、架線電圧計、制御電圧計
（下左）**115系のマスコン**　左の逆転ハンドルは前進位置にある。主ハンドルは切位置で、主ハンドルの目盛表記が見える
（下右）**115系のスイッチ**　左からパンタ下げ、前灯、前灯減光、乗務員室灯、ATS 応答のスイッチ

車掌を兼ねているから、自分が自分に合図をしていることになる。

　JRグループの電車は、運転席にある表示灯の点灯によって車掌の合図を表示する。この表示灯は全車両のドアが閉じると点灯するので、車掌はドアを閉じるという操作で運転士に合図を送っていることになる。ドアが閉じるとただちに発車できるのでロス時間が短くて済む。しかし、なにかのトラブルで不意にドアが閉じたとき、運転士が出発合図と勘違いする可能性がある。

　もうひとつの主流は、ドアを閉じたあとに車掌がブザーなどで合図を運転士に送る方式である。表示灯方式にくらべると多少時間がかかるが、車掌のはっきりした意思表示なので間違い防止の点では優れている。この場合も運転士はドア閉じの表示灯は確認する必要がある。ブザーは「ブー・ブー（—　—）」の2打音が多いようだ。理由は1打音では別の合図と錯覚する可能性があるからだという。

発　車

　運転士は出発合図を受ける前に、信号機や時刻の確認を済ませている。したがって出発合図を受ければ、ただちに発車操作に取り掛かる。

　まず、停車中に掛けていたブレーキを緩める。続いてノッチを投入する。ノッチとは、本来は運転士が扱うマスコン（マスターコントローラー、master controller、主幹制御器）の刻みのことだが、力行《りきこう》（走行動力が生きる＝モーターに電流を流す）を指示するためのマスコン操作という意味に広く用いられている。本書もそれに従うこととする（ノッチの刻みは後に述べる）。

本来はブレーキが緩みきってからノッチを投入すべきだが、1秒のロス時間も惜しいのと、上り勾配で停車していたときにはブレーキが緩むと列車が後退するため、ブレーキの緩めとノッチの投入を同時に行うのが普通である。ブレーキが緩みきる前に力行を開始するので双方が瞬時重なるが、現実面での支障はない。

ブレーキの緩みは運転台の圧力計の指針と表示灯で確認できる。わざわざ確認することはないが、重要機器なので無意識に見ているのが普通である。

ブレーキが緩み、ノッチを投入することによって、動力装置が活《い》きてモーターに電流が流れ、列車は起動する。

このとき、モーターに流す電流を0から一気に最大にすると、大きな起動力となるためガクンとショック（衝動）が発生する。この衝動を緩和するために電流値を徐々に増加させることをソフトスタートと称する。多くの方式があるが、JRでは一定の時間をかけて電流値を増加させる方式が主流である。このソフトスタートは鉄道会社ごとに、形式ごとに相違があり、乗客も観察することができる。乗り心地のためには緩やかなほうが望ましいが、あまり重要視すると運転時間のロスが増える。最後はその線区の条件を総合判断することになる。

起動したあとは、設定された電流をモーターに流しながら電車は加速していく。電流値を調節するために床下の主制御器（main controller、メインコントローラー。以下、単に制御器と略称する）は休みなく動作している。

運転士に正常起動を知らせる表示灯の方式は種々あり、全体が起動して点灯するものは不点灯によって一部または全部が異常であることがわかる。動力ユニットごとに表示するものは、正常ユニットと異常ユニットがただちに判別できる。ユニットとは独立した動力装置の呼び方である。山手線のE231系は1編成を3ユニットで構成している。また起動は目に見えるので、表示灯は不要という考え方もある。運転士としては4ユニット程度までは個別表示が望ましい。一括表示では不点灯のとき、一部の動作が遅れているのか、全体に支障があるのか、一瞬判別に迷うことになる。新幹線の0系では8ユニットの表示灯が並んでいたが、全部の点灯を把握するのにかえって負担が大きいと感じる。

2　電車の動力装置

電気車を内燃車と比較して

動力源にモーターを使用するのは鉄道の特徴といえよう。鉄道は、専用通路が決まっているため、外部からエネルギーを供給する架線のような設備を設けることができる。

これに対して自動車、船舶、航空機のほとんどは石油類を燃料とする内燃機関によっている。

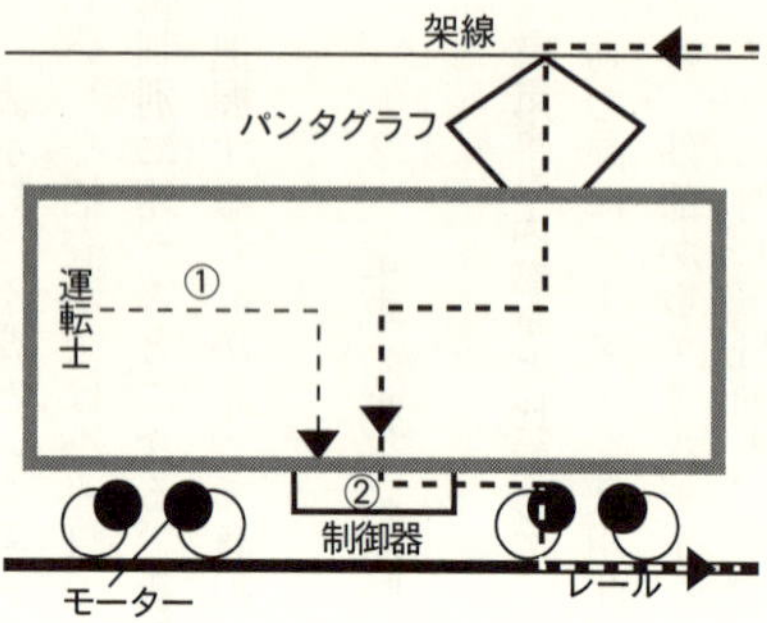

①運転士がノッチ投入→力行指示・電圧指示
②制御器は架線からの電流をモーターに流して起動する
　モーターに設定電流を流すよう電圧を調整する

内燃とは、ガソリン機関やディーゼル機関のように燃料がシリンダー内部で燃えるシステムの総称である。これに対して外燃機関とは、燃料がシリンダーの外で燃えるもので蒸気機関が該当する。蒸気機関はボイラーで燃料を燃やし、発生した蒸気をシリンダーに供給して動力源としている。

　その内燃機関とモーターには根本的な違いがある。内燃機関では、回転力の制御を燃料供給量の調整によって行う。燃料の多少はそのまま回転力の増減となる。自動車の運転免許証をお持ちの方には説明不要であろう。また、燃料が多ければ多いほど出力が大きくなるかというとそうではなく、不完全燃焼となって回転力は低下する。すなわち、回転力をその機関の持つ能力の最大値より大きくするのは難しい。

　これに対してモーターでは、回転力を定めるのは電流である。その電流は運転士が直接制御することはできず、モーターに加える電圧によって調整する。また、同じ電圧を加えても、回転数が高くなれば高くなるほど電流は減少する。このため、希望する電流値になるよう電圧を加減する必要が生じる。

さらに、電流はモーターの能力を超えて流すことができるので、温度上昇や整流部分（モーターの回転部に流す電流の方向を転換する機構）の火花発生を招いて、はなはだしいときはモーター焼損に至る。したがって電流が過大とならないよう、操作する側が注意してやらねばならない。

制御器と変速機

ここで電気車両に制御器が必要となる。内燃機関では運転士のノッチ指示を燃料調整装置にそのまま伝えればよいが、電気車両では運転士の指示は電圧指令として制御器に伝わる。制御器は指令に応じた電圧をいきなりモーターに加えるのではなく、設定電流を保つように電圧を調整し、速度の上昇によって電流が減少すると電圧を順次高くして設定電流を保つ。

したがって、加速の加減などのために運転士がデリケートな電流調整を行うのは困難である。電流値は一定か、基準プラスα、基準マイナスα、の選択ができる程度となり、電気車の運転は内燃車や蒸気機関車にくらべるとずいぶん窮屈である。その代わり、動力装置の出力が大きく、動力の入り切りが簡単なことでカバーしている。

また、電気車両には変速機がない。内燃車は自動車も鉄道車両も変速機を装備して、あらゆる速度域でエンジンの出力を有効に使用しているが、電車にはそれができない。気動車（ディーゼルカー）はエンジン1基ごとに変速機を装備しているが、電車で実行しようとすれば各モーターに変速機を装備する必要がある。JRの10両編成でモーターのついている車両が6両だとすると24基の変速機が必要になる。現実的ではない。

変速機がなければどうするか。あとは別の方法でモーターの出力を調整してゆくことになる。その役目を制御器が担当する。

ここからは、運転台からしばらく離れて、電車の制御方法について説明しよう。

各種の制御方式について

制御器の役目は、運転士の指示に応じてモーターへ設定値の電流を流すことにある。電流値はそのまま車輪の回転力、すなわち牽引《けんいん》力となる。制御方式はモーターの種類によって異なる。電気車両に使用するモーターの種類には、大きく分けて直流直巻《ちょくまき》モーターと交流誘導モーターがある。なお、他にも直流複巻モーターなどの使用例もある。

直流モーターの制御

直流モーターは構造の差により数種類があるが、ここでは鉄道用に多用される直流直巻モーターについて説明しよう。

JRの電源電圧は直流1500Vである。JRの電化方式は直流と交流の2つがある（詳しくは第3章）が、直流区間では架線から取り入れた電圧のまま、交流区間では架線からの交流２０００Ｖを変圧器で降圧したあとに整流して直流とする。

直巻モーターは界磁《かいじ》と電機子から構成されている。界磁は電流が流れることで磁力線を発生させ、磁力線の強さは電流に比例する。この磁力線の中に電機子があり、電機子を流れる電流と磁力線が交差すると回転力を発生する。回転力は「磁力線の強さ×電機子電流」になる。

直巻モーターは名のとおり、界磁と電機子が直列回路なので同じ電流が流れる。右の式から回転力は「電流×電流」、すなわち電流の二乗に比例することがわかる。電流を１５０％にすれば回転力は２２５％となる。このことから、発車と加速のとき回転力が必要な鉄道車両用と

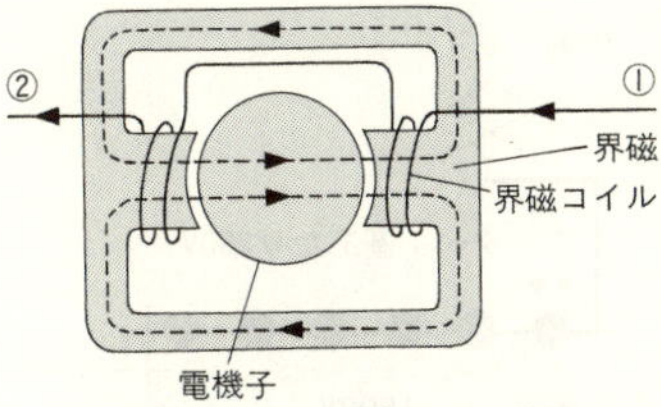

①から②へ電流を流すと界磁コイルが磁力線を発生する。磁力線は⇢のようにループ状に流れる。磁力線は抵抗の大きい空気中をさけて、抵抗の少ない鉄心（グレー部分）を流れる

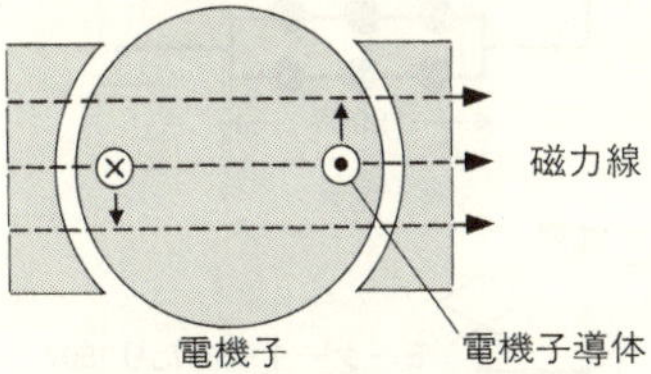

電機子の中の導体に電流を流す。⊗は手前から向こうへ、⊙は向こうから手前へ電流が流れることを表す方向記号である。磁力線と電流が交差すると運動力↓と↑が発生して電機子を回転させる。回転を続けるためには界磁を通りすぎるごとに⊗と⊙の電流の方向を反転させる必要があり、整流子とブラシが設けられる

直巻モーター　モーター電流は、→界磁コイル→電機子導体→と直列に流れるので直巻モーターと呼ぶ。直流のみであり、交流では使われない

して重宝されてきた。

鉄道車両に使用される直流モーターでは、同一電圧を加えていても回転数が上がると電流は減少する。これは内部の逆起電力が抵抗として作用することによる。

逆起電力とは、モーターが電流と磁力線とを交差させて回転力を発生するとき、モーターが同時に発電機として作用するために反対方向に発生する電圧のことである。設定された電流を流すためにはこれに打ち勝つ高い電圧を加えねばならず、結果として速度が高くなるに応じて高い電圧を加えねばならない。

つまり、制御器の目的はモーターに加える電圧を制御することにある。以下が直流モーター

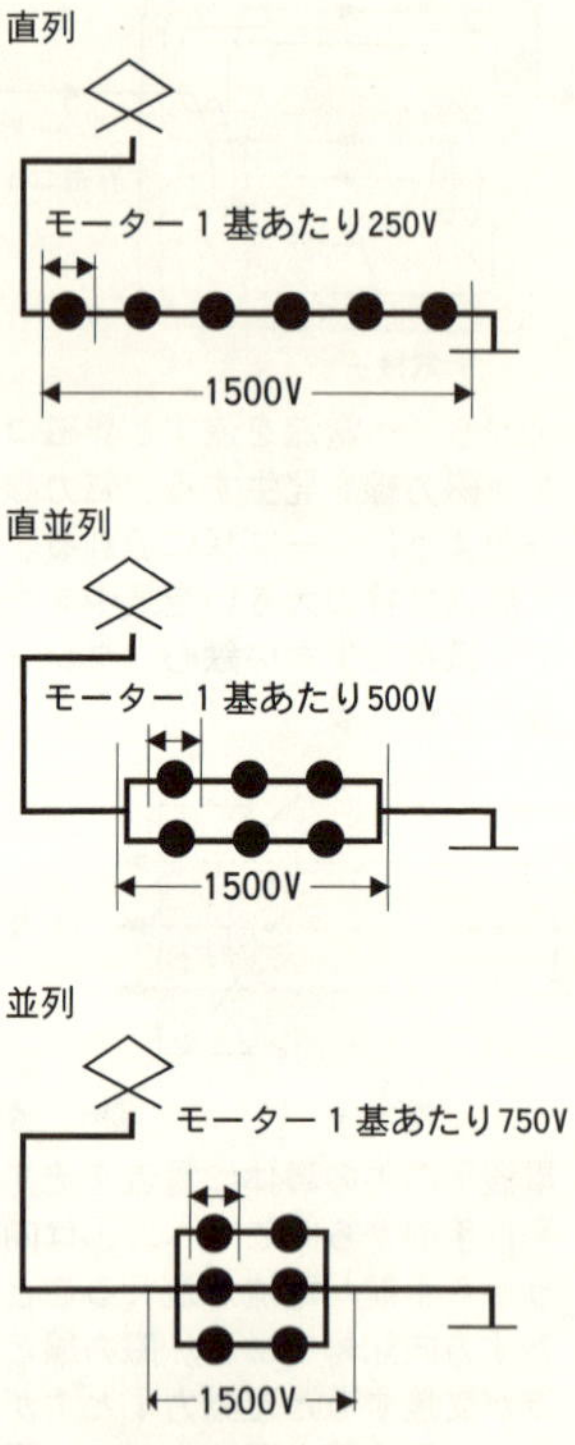

直並列制御（EF66の例）　この組み合わせにより、モーターに加える電圧を250、500、750Vの3段階に調節できる

の制御方法である。

直並列制御

直並列制御とは、モーター接続の組み合わせを直列・並列と変えてモーター1基に加わる電圧を変える制御である。

JRの近郊型電車115系では、モーター8基を直列に接続して1500Vを加えて1基あたり187V、4基直列の2回路として1500Vを加えて1基あたり375Vとして、2段階の制御を行っている。

電気機関車ではEF66が6基直列のとき1基あたり250V、3基直列の2回路として1基あたり500V、2基直列の3回路として1基あたり

抵抗制御の最後の機関車となったEF66
生まれが1966年というのも何か因縁めく。東京駅へ入るブルートレインは富士・はやぶさの1往復のみとなったが、20年前はさくらから出雲まで9往復が上下してそのうち7往復をEF66が牽引していた（大井町～大森）

485系（直江津駅）（写真・酒井千代子）

７５０Ｖと３段階の制御を行っている。

　この方式では細かい制御ができないので、次の抵抗制御と組み合わせて使用されている。

抵抗制御

　抵抗制御は、ＪＲ電車でいえば近郊型電車の１１５系、特急電車の４８５系まで採用された。

　モーターへ加える電圧を調整しようとすれば、モーターと直列に抵抗を入れればよい。抵抗にかかる電圧を差し引いたものがモーターへかかる電圧となる。抵抗を加減すればモーターにかかる電圧を自由に調整することが可能である。

　あとは、いかに細かく区切って調整するかの方法となる。ＪＲの１１５系では24段に区切っている。この段数は乗客に区切りの不快感を与えない最低限度といえよう。機関車は制御器が大型となっても車内に収納できるので、ＥＦ66では１０４段に区切って、ほとんど区切りの衝動を感じない加速が可能となっている。構造としては、カム軸を回転させてスイッチを順次動作させる方式が主である。

抵抗制御では、電圧の調節のために電力を抵抗器で消費している。これは熱として放散するが、JR115系では発車から時速25㎞まで消費電力の50％を、25〜50㎞では25％を熱として捨てている。エネルギーの効率から考えればもったいないが、調節が容易な方式として広く使用されてきた。

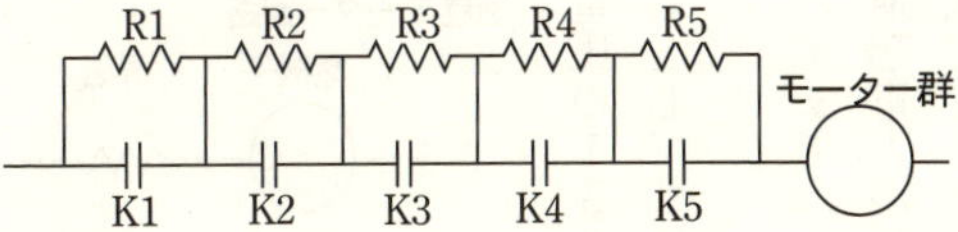

抵抗制御の模式図　Rは抵抗、Kはスイッチを表す。はじめにKを全部切としておくと電流はR1・R2・R3・R4・R5を経由してモーターに至る。モーターに加わる電圧はRの抵抗に加わる分を差し引いて小さなものになる。
K1を入とすると、K1・R2・R3・R4・R5と流れるのでR1の抵抗がない分だけモーターへ加わる電圧が大きくなる。同様にK2・K3・K4・K5と順次入にするとモーターへ加わる電圧が大きくなり、Kが全部入になると抵抗がなくなって全電圧がモーターに加わる

抵抗器は熱容量の制約のため、使用時間の制限があるのが普通である。設定時間を超過すると過熱して焼損に至ることになる。

抵抗制御をなめらかに行おうとすると、制御のための段数を増やして段の刻みを小さくするほかはない。カム軸方式の制御器ではカムの多段化が図られ、制御器を複雑大型とする要素となっている。機械的に多段化を図る方法は極限まで改良されたが、半導体制御の登場ですべて旧式化してしまった。

弱め界磁制御

抵抗制御では、モーター群に加える電圧を架線

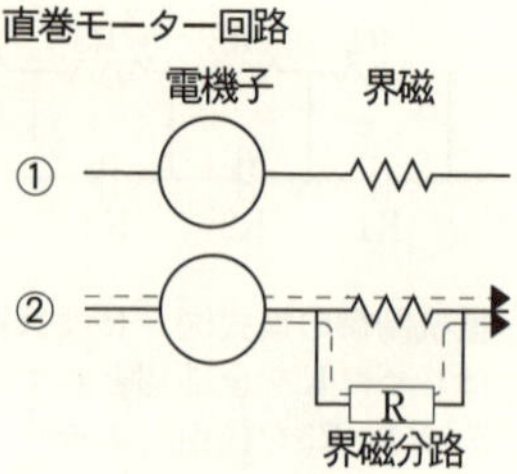

弱め界磁制御の模式図
①では全電流が→電機子→界磁→と流れている。②のように界磁分路を構成すると界磁電流減少→磁力線減少→逆起電力減少→電流増大となる。弱め割合は界磁分路の抵抗Rによって調整する

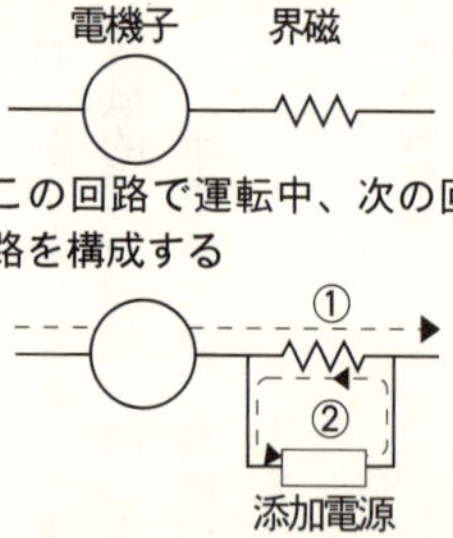

添加界磁制御の模式図
弱め界磁を界磁分路ではなく添加電流によって行う。添加電源により添加電流②を下図のように流すと界磁電流①は反対向きの②に相殺されて界磁電流が減少したことになる

電圧の1500Vまで上げると、それ以上の電圧を加えることができない。これを解決する手段として弱め界磁制御を行う。

モーターの界磁に流れる電流の一部をバイパス回路に分流させると界磁電流は減少する。このままではモーター回転力が減少するが、それ以上に界磁電流の減少によってモーター内部の逆起電力が減少するので結果として電流の増加が図れる。その電流増加によってモーターの回転力を上げることになる。

逆起電力を弱めることで電流が増加しても、界磁分流によるロスを差し引くので、回転力の増加は電流増加分よりは少ない。したがって電力の使用効率は落ちて無駄が増えるが、それを承知で使用されている。

弱め率は界磁に残る電流を％で表し35％が実用限度とされている。このときは分路へ65％を回し、界磁へ35％が流れる。

また分流させた電流は抵抗器で熱として放散する。これも無駄であり、放散する熱の対策が必要となる。

チョッパ制御から一歩後退して経済性に重点を置いた添加界磁制御の205系　チョッパからVVVFへの橋渡し的な存在となった（潮見～新木場）

弱め界磁制御は単独で用いることはなく、抵抗制御やチョッパ制御と組み合わせて用いられている。

添加界磁制御

これは弱め界磁制御の一種であるが、制御器の機械的な動作によって界磁電流を分流させるのではなく、半導体機器を利用している。添加界磁制御と呼ぶ。

内容は分流ではなく、別回路の電流を合流させる方式である。合流電流を逆方向とすれば界磁電流が減少して、弱め界磁と同じ効果を得られる。長所として、半導体機器によるので機械式よりも俊敏でデリケートな制御が可能となる。これは力行よりもブレーキのとき非常に有利である。
JR電車でいえば通勤型の２０５系、近郊型の２１１系などが採用している。

チョッパ制御

直流の電圧を変えることは設備が大がかりとなって実用面で困難なため、抵抗制御が長く使用されてきた。その直流の電圧変換を可能にしたのがチョッパ制御である。

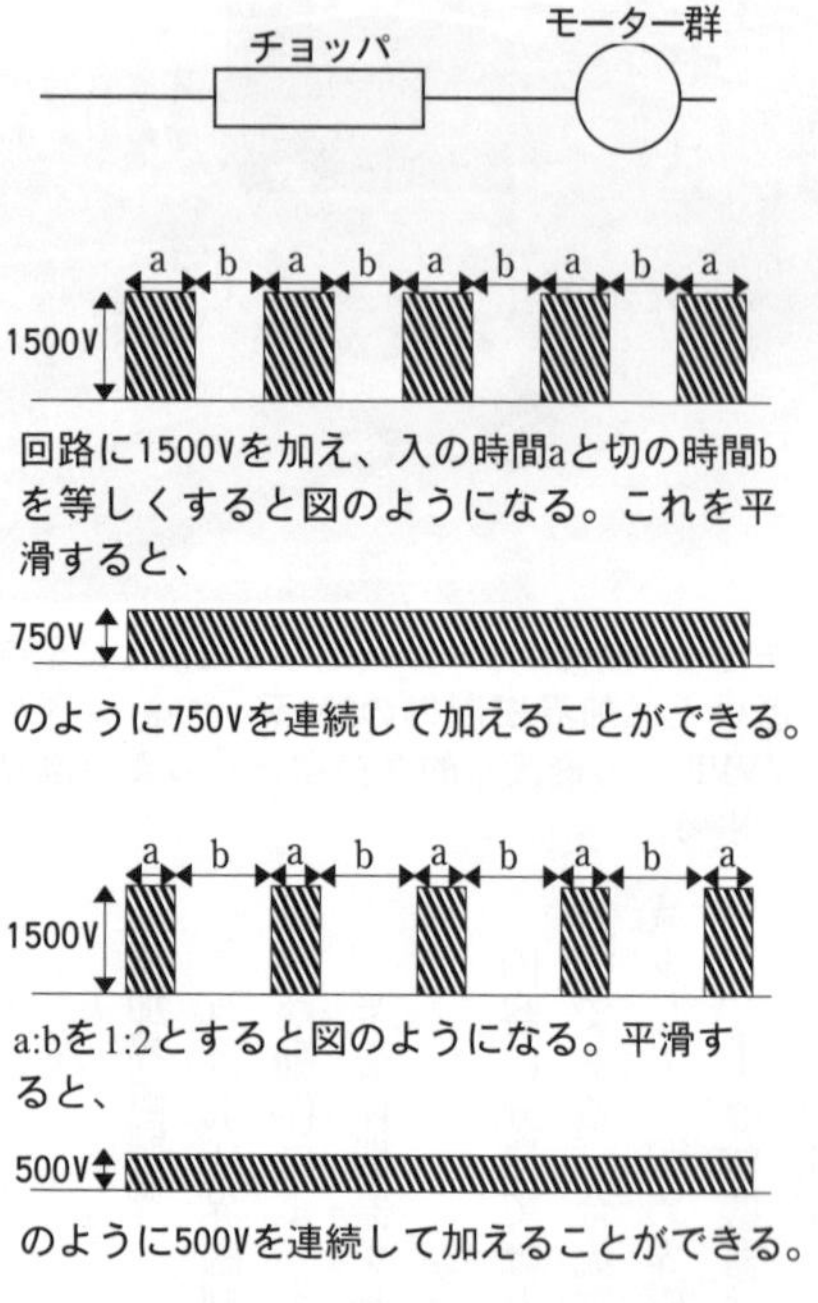
チョッパ
モーター群
a b a b a b a b a
1500V
回路に1500Vを加え、入の時間aと切の時間bを等しくすると図のようになる。これを平滑すると、
750V
のように750Vを連続して加えることができる。
a b a b a b a b a
1500V
a:bを1:2とすると図のようになる。平滑すると、
500V
のように500Vを連続して加えることができる。
チョッパ制御の模式図

原理は、直流を１秒間に数百回断続して流し、それを平滑化して直流を得る。流す時間と断つ時間の割合を調整すると、理論上は電源電圧の０～１００％の電圧を得ることができる。モーターの電流を全面的に制御する電機子チョッパと、部分的に用いる界磁チョッパがある。

抵抗制御に変わる夢の制御方式として登場したが、高価な半導体機器による経費増が大きく

なる不利があった。いつか本格的に採用される時代が来るものと期待されていたが、次のVVF制御の開発が進んだため、新形式への採用には終止符が打たれている。

JR電車への採用は201系・203系のみに終わっている。

201系　チョッパは直流変圧器とも呼ばれ、夢を実現した制御方式として期待された。経済性が原因となって発展しなかったのは惜しまれる（潮見〜新木場）

タップ制御

制御器の役目は、電流を調整するためにモーターに加える電圧を調整することである。前記の制御方式は、いずれも直流の電圧を調整するために苦労してきた歴史であるといえる。

これに対して交流では変圧器によって電圧の変換が容易にできる。この長所を利用して変圧器から多くの電圧タップを出しておき、それを切り換えてゆけば希望する電圧が自由に得られる。放熱による損失もなく連続使用への制限もない。

この方式は交流電気機関車に使用されて理想的な制御方式となっている。なお交流直巻モー

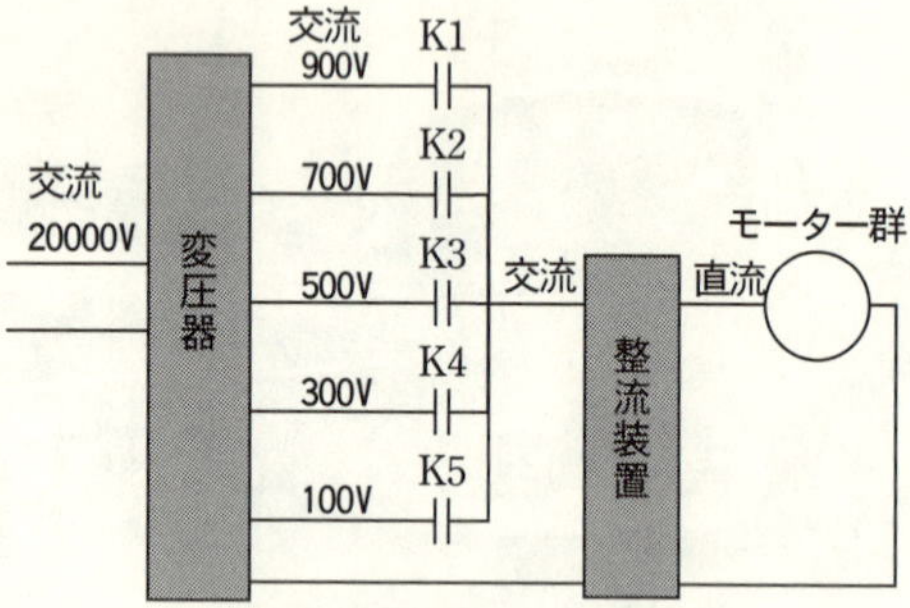

タップ制御の模式図　変圧器から出たタップのスイッチK1からK5のひとつを入とすることにより任意の電圧が得られる

０系　タップ制御は交流電車である新幹線０系にはじめて採用された。直流の欠点をすべて解消した合理的な制御方式である（新倉敷駅）

ターは構造が複雑で保守に問題があるため直流直巻モーターを使用しており、タップ制御で任意の電圧を得たあとは交流を直流に整流して供給している。

電車では新幹線の０系が採用している。在来線に交流電車が本格的に登場したときはＶＶＶＦの時代となっており、活躍する機会は得られなかった。

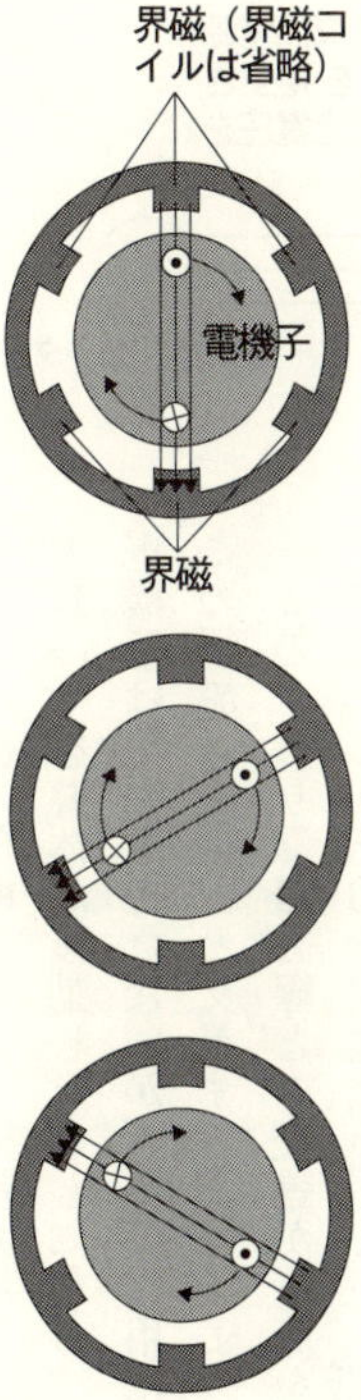

誘導モーターの制御　界磁コイル（図では省略）の電流を切り換えて磁力線を順次移動させると磁力線が回転することになる。電機子の導体は回転する磁力線と交差して電流が発生し、その電流が磁力線と交差して回転力を発生する。電機子は回転する磁力線に引きずられて（誘導されて）いることになる

交流モーターの制御

交流モーターも種類は多いが、鉄道車両の動力として使用されているのは身近な家庭や工場にありふれている誘導モーターである。家庭では扇風機からエアコンまですべて該当する。誘導モーターは構造が簡単堅牢で、かつ保守の手間が不要なので小型から超大型に至るまで広く使用されている。

誘導モーターの回転原理は直流モーターと同じであるが方式がまったく異なっている。

直流モーターでは界磁コイルが発生する磁力線の方向は一定であったが、誘導モーターでは磁力線の方向が順次移動していく。電機子を囲む界磁全体が回転すると考えればよい。むろん界磁自体が回転するわけではなく、発生する磁力線のみが回転していく。

磁力線が回転（移動）す

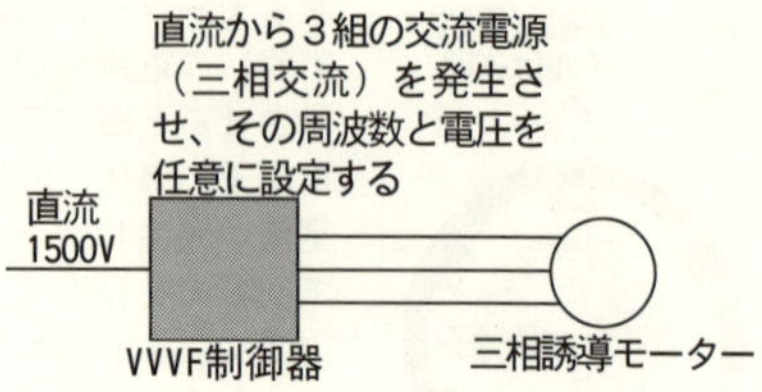

VVVF 制御の模式図

ると、内部の電機子導体と交差することになる。電機子から見れば磁力線の中を導体が移動したことになる。これは発電機の原理となり、電機子は電源を持たないが、この作用によって導体に電流が流れる。この電流が磁力線と交差することによって回転力を発生する。

このとおり、磁力線との交差が電流を発生させ、その電流が磁力線と交差して回転力を発生する、という狸《たぬき》に化かされたような論理で誘導モーターは回転する。誘導モーターという名称は回転する磁力線に電機子が誘導されて回転することによる。磁力線の回転は電源周波数によって定まるため、電力会社から受ける50Hzまたは60Hzの電源では回転数を変えるのは難しい。そのために速度が大きく変化する鉄道用には不適とされていた。

ＶＶＶＦ制御

ＶＶＶＦは、variable voltage variable frequency の略である。もう少し優雅な呼称がほしいところだが、ＶＶＶＦの言葉が定着してしまった。可変電圧可変周波数の意である。ＶＶＶＦ制御では、交流誘導モーターを使用する。

誘導モーターを鉄道車両の動力とするには、回転数と回転力を自由に制御することが必須《ひっす》条件である。誘導モーターでは、回転数を変えるためには電源の周波数を変える必要がある。それが半導体技術の進展によって可能となり、実用化されたものである。その名のとおり、直流を任意の周波数、任意の電圧の三相交流に変えてモーターに供給するシステムとなった。周波数は回転数を、電圧は回転力を決めることになる。

VVVFの開拓者としてJR四国に8000系が登場した。発車後の加速で聞こえる音楽的な響きは新しい時代を告げるかのようだ（写真・JR四国）

三相交流とは3組の電源を組み合わせた交流回路である。交流は電流方向が転換（60Hzでは毎秒120回）するが転換時期をずらせて組み合わせたものである。3組では往復6本の線が必要であるが、組み合わせ方によって3本で済むので設備面でも有利となる。工場の動力はほとんど三相交流である。

最大の長所は、適切かつ微細で時間遅れのない制御が可能になったことである。また、モーターの構造簡素化による保守費軽減が挙げられる。直流モーターのような整流装置がなく、保守を要する部分は軸受《じくうけ》のみといえる。そのため高速回転が可能となり、小型軽量化されることになった。

電圧を変換する原理はチョッパ制御と共通点があ

る。速度向上に比例して刻みの周波数は高くなるが、必要以上に高くするのは不経済なので刻みを切り下げる動作を数段行う。各段の中では速度向上につれて基本周波数が高くなり、主回路は音楽的な響きを奏でることになる。これを速度切換と誤解する向きがあるが関係ない。

音色は某鉄道のものが最も音楽的に優れているそうで、音階を想定して切換周波数を設定したのなら設計者のセンスをほめてあげたい。

最近の新形式電車はほとんどＶＶＶＦ制御を採用している。

3 空転

このように、電車にはさまざまな制御方式がある。運転士は、力行、ブレーキのときには、それぞれの制御方式の特性に留意して運転する必要がある。

発車後、力行を続けているとき、運転士が最も気を遣うことのひとつが車輪の空転である。モーターによる回転力がレールと車輪の摩擦力よりも大きくなれば車輪は空転する。空転をスリップ（slip）とも呼ぶ。レールと車輪の摩擦力（粘着力）については第4章の滑走で説明する。雨の降りはじめなどのときにモーターのある車両に乗ると、発車直後などに「ウィーン」という異常に高い音が床下から聞こえるときがある。これは車輪が空転している音である。

空転すると、車輪の力を伝えることができないため、加速力が落ち、列車が遅れる。また、車輪が空転するとレールを削ることになったり、モーターに過大な電流が流れたりする。そのため、運転士は空転を一刻も早く止めようとする。

空転を未然に防ぐには、空転を誘発しやすい雨や雪のとき車輪の回転力を低下させればよい。ただし加速時の電流値（回転力）は設定値から変えられないので運転士の意のままにならない。その代わり、空転が微小のうちに検知して再粘着させるシステムが開発されている。

この空転検知と再粘着機構の採用は機関車から始まったが、制御器の半導体化によって電車も装備するのが普通になった。

空転検知の仕組みは車軸の回転数を比較する方式が主流である。比較相手の車軸も同時に空転する可能性があるが、確率としては低く実用面では支障はない。ただし、空転初期の微小空転の段階で検知するには精度不足で、それぞれの車軸の回転数の急激な変化を読み取る方式に移りつつある。

空転を止めるには回転力を低下させるしかない。制御器を複雑にしないためにモーター数基をまとめて減少させる方式が多かったが、加速力もまとまって低下してしまう。半導体の制御器では1基ずつの制御が可能となった。空転の停止促進のため、空転軸へのブレーキを併用する方式もある。

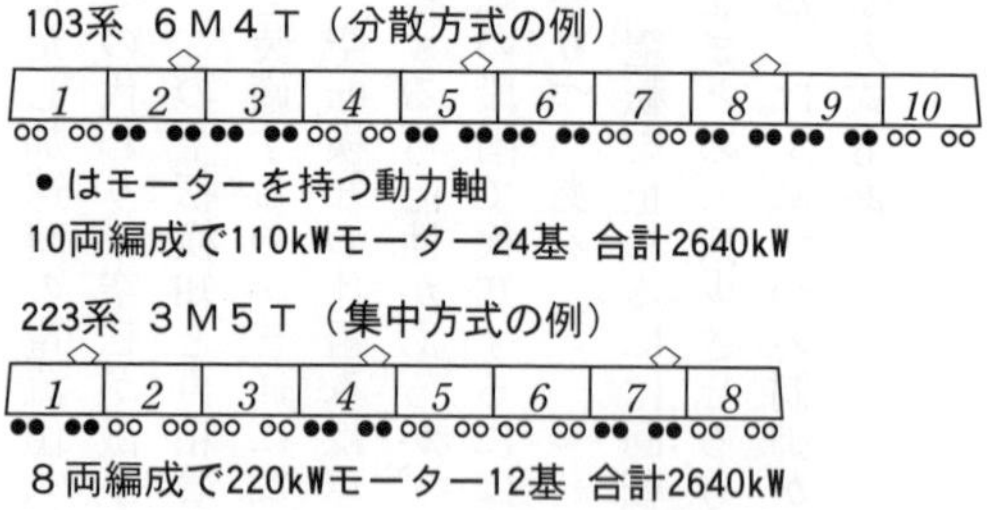

4　動力装置の大型化

車両の保守・管理の手間と費用の点から見ると、動力装置は大型にして数を減らすほうが望ましい。しかし電車は限られた床下に機器一式を装備するためにスペースが足りず、各車へ分散して配置するのが当然とされてきた。編成の過半数がモーターを持つ電動車であるのも珍しくない。ＪＲ１０３系は10両のうち６両が電動車であった。

最近の方向として、ＶＶＶＦ制御が普及し、交流モーターが小型軽量になったため、同じスペースに大出力のモーター装備が可能となった。そのためひとつあたりのモーター出力を大きくして電動車の比率を減らす方針が採用されている。高価な半導体機器であるＶＶＶＦ制御器も少なくて済む。

電動車の比率を表すとき、モーター装備の電動車をＭ（motorの略）、モーターを持たない付随車をＴ（trailerの略）として編成を表記する。ＶＶＶＦ移行後は、ＪＲ東日本の２０９系は４Ｍ６Ｔであり、ＪＲ西日本の２２３系は３Ｍ５Ｔとなっている。

寝台特急サンライズ285系は2M5Tの編成である。

いっぽう、動力装置の集約を図りたいのはやまやまでも、モーター出力を大きくすると空転しやすくなる。また電動車と付随車の重量に大きな差が生じるのも望ましくない。

反対の考え方として、モーターの小型化を推進して電動車を増やし、力行・ブレーキとも衝動の少ないスムースな運転を望む方針もある。どの程度で妥協するか、その鉄道の方針次第といえよう。

5　輪軸方式

自動車の車輪は左右の回転数が異なってもかまわない。動力軸にも差動装置があって、無理なく回転数を食い違わせている。

鉄道は左右の車輪を車軸に固定して一体となっている。この車軸と両輪をまとめたものを輪軸という。したがって左右の回転数は常に等しい。ゲージ（軌間。左右のレールの間隔のこと）に合わせて厳しい寸法管理を要求されるのでこうなったのであろう。

曲線では左右の車輪の進行距離が異なるので、車輪直径が同じでは支障が出る。このため車輪の直径は車体内側寄りを大きく、車体外側寄りを小さくして差を設けている。曲線に差しかかると車体が外側に押し付けられるため、曲線外側の車輪は直径の大きい部分が、曲線内側の

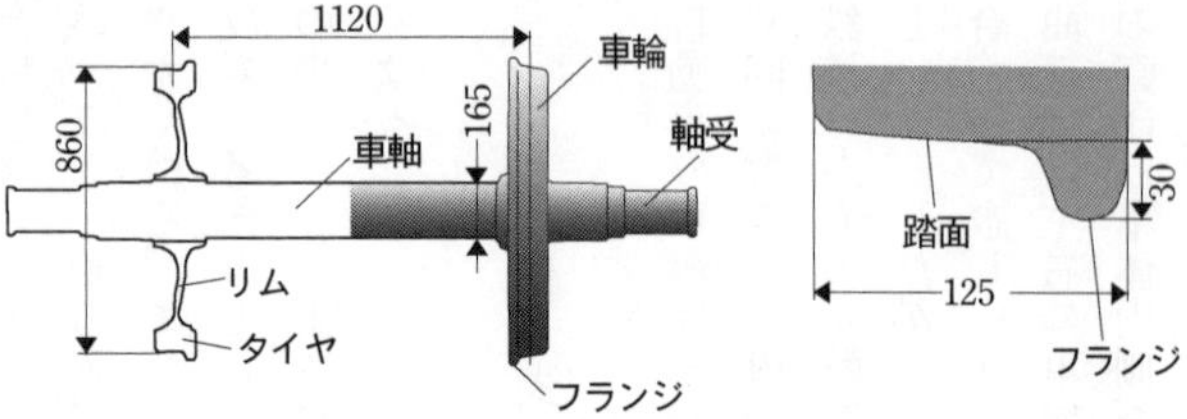

(左)**輪軸**　図の輪軸は客車用として長く使用されてきた12トン長軸である。長軸とは車輪の外側の軸受との間に隙間があるものをいう。このスペースは将来標準軌への改良を予想して設けられた
(右)**踏面の断面図**　右側が内側でフランジが設けられて脱線を防止している。これは新幹線用に開発された円弧踏面であり、踏面はほとんど曲線で構成されている

車輪は直径の小さい部分がレールに接触する。この直径差によって進行距離の差を吸収している。

急曲線ではこれでも追いつかず、片輪はレールの上をわずかに滑走することになる。急曲線でこの滑走によるキーキーという軋《きし》り音を聞かれたことはないだろうか。この部分のレール磨耗にはこの微小滑走によるものが加わることになる。

車輪がレール上から外れないように保つのは、車輪の縁に盛り上がったフランジである。高さは新品のとき26㎜(新幹線は30㎜)なので、車輪を26㎜持ち上げれば脱線することになる。厳密に敷かれた線路を重量の大きい車両が通るので、この寸法で不安なく走れることになる。曲線通過のときは、このフランジが外側のレールに接触して車輪を誘導してゆく。

6　踏面の整正

踏面《とうめん》とは車輪外周のレールに接する箇所をいう。踏面は走行によって磨耗する。レールとの接触箇所のみが磨耗するのでタイヤの断面形が崩れることになり、走行の安定を保つために定期的な削正《さくせい》が行われる。削るごとにタイヤが薄くなり、最後はタイヤの厚さが新製品の半分以下になる。各車両を見比べるとその差が判明すると思う。踏面の磨耗そのものよりフランジの磨耗を整正するための削正が多い。

車輪の踏面の管理は高速度列車では特に重要である。踏面の形が崩れると蛇行動（左右のジグザグ行動。フランジがレールにぶつかり、反動で次に右レールにぶつかるという動きをくり返すこと）を誘発して、脱線の危険性が増すことになる。各鉄道において、速度の高い形式は踏面精度の許容を特別に厳しく管理している。

7　運転士のノッチ指令

運転台にはさまざまなハンドルのようなものがある。運転士がいつも手を掛けているのが、マスコンハンドルである。マスコンハンドルには前後に動くもの（横軸方式）や左右に動くもの（縦軸方式）があるが、いずれにしても運転士はこのマスコンハンドルを動かして、力行を指示する。

このマスコンハンドルの位置を、1ノッチ、2ノッチ、と呼ぶ。車のシフトハンドルやアクセルペダルのように思っている人もいるが、内容はまったく異なる。

それでは、電車の運転士が扱うノッチ操作はなにを指示しているのだろうか。

内燃車のノッチは燃料供給量を指示する。自動車のアクセルペダルも同じである。また内燃車や自動車にはシフトハンドルがあり変速機でギアを切り換えるが、電車に変速機はないことをすでに述べた。電車はこれらとどのような相違点があるのか説明しよう。

電車のモーターに流す電流は許される最大値で設定されている。運転士は原則として設定変更できない。

電車のノッチは、「この設定電流でどの速度まで加速するか」、という指示を行っている。運転士が投入したノッチに従って速度が上昇し、ノッチが指示する速度に達すると電流を設定値に保つ機能を終了する。それより速度が高くなると電流値は急激に減少してゆく。ノッチの指令速度が低いほど高速度になっての電流減少が大きい。

モーター電流値はそのまま車輪の回転力であるので、指令速度を越えてから減少する電流（回転力）と、速度につれて増加する走行抵抗は、ある速度でバランスしてそれ以上は加速しない。

ノッチの実例

ノッチによる指令速度の実例を紹介しよう。旧い形式のＪＲ１１５系で恐縮だが、この特性はすべての電車に共通である。10‰上り勾配でのバランス速度を添える（‰は１／１０００を示し、10‰は１％）。

１ノッチ――――時速０km――――起動するのみ、加速力なし
２ノッチ――――時速25km――――（10‰上り　45kmバランス）
３ノッチ――――時速52km――――（10‰上り　70kmバランス）
４ノッチ――――時速66km――――（10‰上り　90kmバランス）
５ノッチ――――時速84km――――（10‰上り　１００kmバランス）
車両の最高速度――時速１００km

このようにノッチは速度指令であり、２ノッチに投入すると時速25kmまでは設定電流で加速する。設定電流値による加速は発車から定格速度までに限られる。以降は速度が上がるにつれて電流が減少するのでモーターの回転力が弱まって加速が鈍くなり、最後には加速力が０となってその速度でバランスする。２ノッチの場合、25kmまで達するとその後は電流値が落ちる。

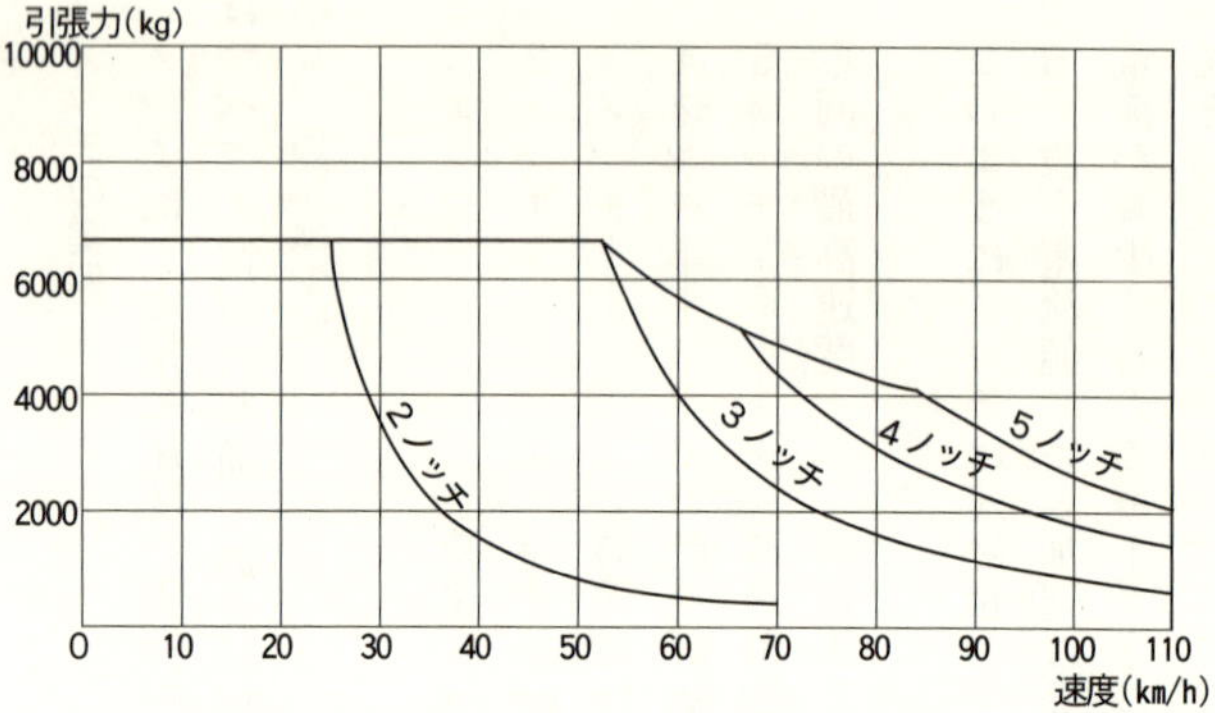

ノッチ曲線(115系1ユニット)　ノッチ別の引張力を示す図である。低速域では2ノッチも5ノッチも引張力は同じであることがわかる。高速域では引張力の差が発生するのも読みとれる

低いノッチは加速力を絞る運転ではないことに留意されたい。2ノッチでも5ノッチでも25kmまでの加速力は同じである。

この機能はどのノッチでも同じで、はじめから絞り運転でソロソロと加速するという運転はできない。このため雨や霜によって空転が多発するとき、運転士を困らせている。

速度を加減するときは最終ノッチを使用せず、途中ノッチを使用して定格速度を低く指定する。モーター出力の加減とは少し意味が異なるが、途中ノッチではバランス速度が低くなる。

ノッチ数は3ノッチしかないものから新幹線の10ノッチまでいろいろである。要は最終ノッチまで、必要によって細かく刻むだけのことである。速度制限など出力をセーブする理由がなければ、発車のときから最終ノッチに投入している。

ノッチ戻し

運転中に出力を絞りたい場合は当然発生する。自動車のアクセルペダルを戻すのと同じように、低ノッチに戻すことが可能であれば高速域での絞り運転が可能となる。

運転中にノッチ戻しができるのか。制御器の構造により可能な場合と不可能な場合とに分かれる。旧来の形式はできないものが多かった。発車して加速し、ノッチオフして惰行《だこう》するという単純な運転が多かったせいでもある。制御器もそれに応じて構造の簡素化が図られてきた。ノッチオフのときもノッチ戻しによる電流絞りができず、衝動の原因になっていた。

部分的なノッチ戻しが可能な形式としては、JR115系や485系などの形式がある。長い上り勾配を走行するとき、速度制限等のために低いノッチへ移る操作が必要になったものである。ただし制御器の構造による制約があり、完全にフリーではない。

チョッパの201系やVVVFの各形式は、半導体制御のためノッチ戻しが自由にできるようになった。ノッチオフのときも、緩やかに電流を絞って0とするシステムによって衝動を最小とすることが可能となっている。

電流値制御

ノッチは電圧指令という電車の制御方式に対して、ガソリン・ディーゼル機関のように回転力を指示したいという要望がある。機械式制御器では難しいことであったが、最近の半導体制御では問題なく可能である。

モーターの回転力は電流によって定まる。したがって電流値指令とすればノッチは電流値すなわち回転力を指示することになり、運転士のマスコン扱いはずっと容易になる。

半導体制御が普及するときに採用すべきであったが、無難な在来方式を踏襲したものと思われる。ここまで採用が進めば今後の切換は難しいことであろう。

しかし両方式が混在する期間は戸惑いが生じるであろうが、制御革命であると受け止めて実行してほしかった。この方式が現実味を帯びない理由としては、運転士が在来方式に洗脳されて運転方法の改革を強硬に要望しないことにも原因があると思う。

第3章　走る―駅から駅まで

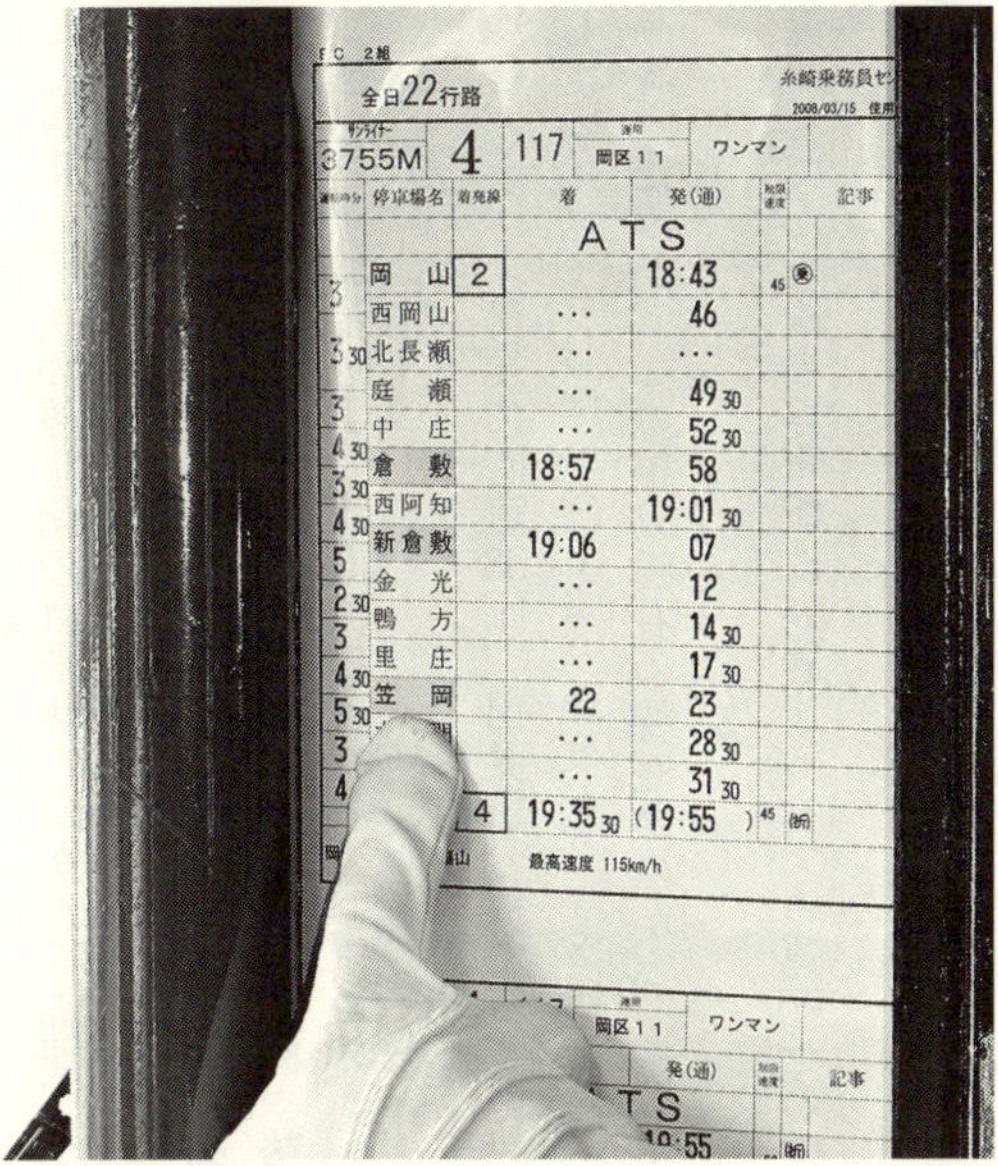

空転を気遣いノッチ進め行く耳痛きほど雪凍む夜に

荒家信一

西阿知駅を発車した電車は、次の停車駅の倉敷駅に向かって加速している。発車したあと、運転士はなにをしているのだろうか。

第2章で述べたように、ノッチを投入すると設定した速度までは自動的に加速する。運転士はそれに任せてノッチ投入のまま、前方を注視している。信号機や踏切の状態は、線路の先にそれらが確認できたときから何度も確認する。モーターやブレーキに故障はないかと、機器の表示の確認なども含まれる。

この間も加速状態を、ホーム終端で時速38㎞、出発信号機で57、西紺屋《にしこんや》踏切で71、極楽寺《ごくらくじ》踏切で85、と観察してゆく。「今日はいつもより速度が2～3㎞／h高い、乗客が少ないためか、架線電圧が高かったのか、この編成固有の特性なのか」、と判断を重ねていくことになる。

本章では、駅を発車してから次の停車駅に到着するまでの運転士の操作と電車の動きを追っていこう。

⑨１分21秒　時速95km　第２閉塞信号機を過ぎる。直前で進行を示していることを再確認する。ここは目視のみ。前方の県道陸橋は踏切の通行者にとって福音だったが、陸橋が増えてくると鉄道を高架にしておけば良かったのに、と思う

⑩１分23秒　時速97km　陸橋を過ぎてノッチオフする。倉敷までの残り時間は２分37秒であり、このまま行けば５秒以上の早着になりそうだ

⑪１分31秒　時速96km　福江一踏切を通る。一という数字が付くのはかつて福江という踏切が複数あったことを意味する。右手に水島臨海鉄道の球場前駅が見えてきた。一帯は倉敷市のスポーツ公園である。第１閉塞信号機を確認する。喚呼は「第１閉塞進行」

⑫１分40秒　時速95km　この直線部分は元の東高梁川の河床である。公共工事のためか線路用地は左右に充分すぎるほど確保してある。右手のテニスコートから若い人たちの歓声が届くこともある

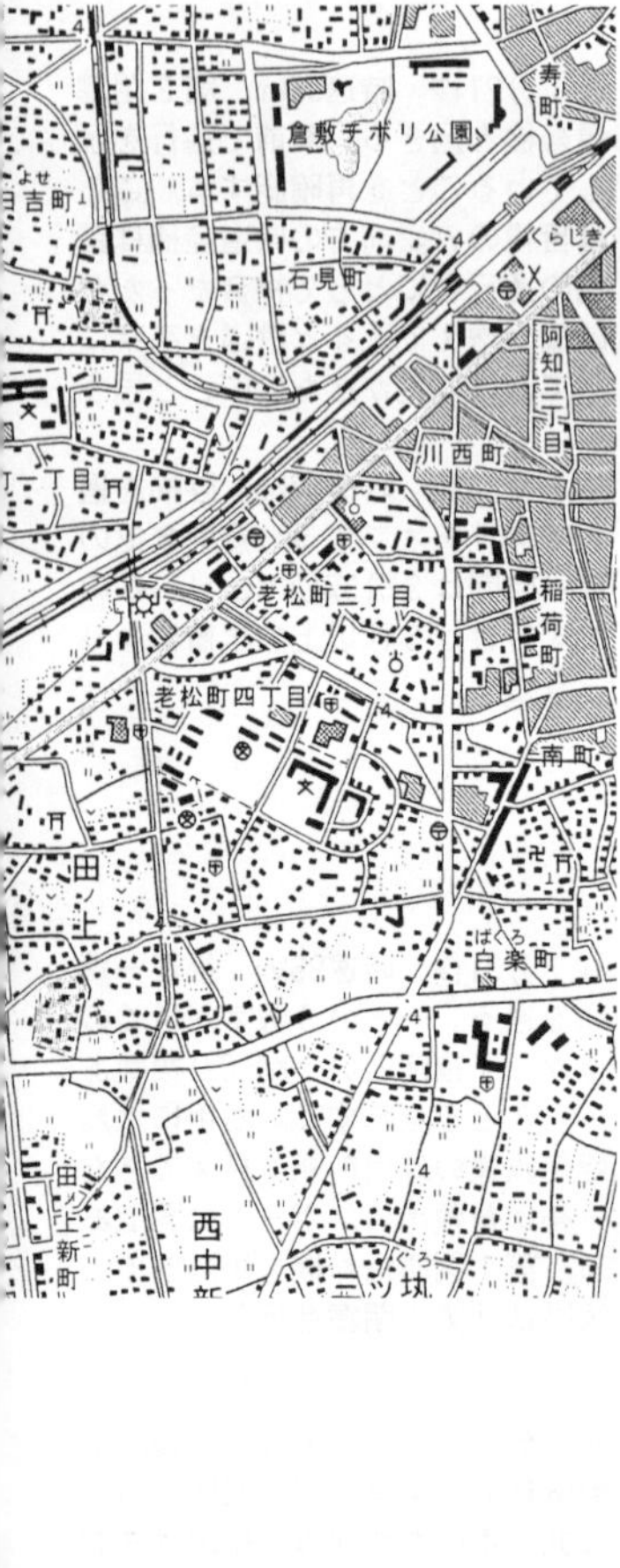

⑬１分44秒　時速94km　四十瀬川の短い橋梁が見えてきた。水路にはゆったりと水が豊富に流れている。どの橋梁も線路の両側には作業用の道路が完備しているが歩行者の近道になりやすいので通行禁止の指示がものものしい

⑭１分52秒　時速93km　第１閉塞信号機をすぎる。ここも再確認は目視のみ。住宅や工場が増えてきて、倉敷市街が近くなったことを感じる

⑮ 1 分58秒　時速92km　安江踏切をすぎる。曲線の途中にある。踏切は近づくまで緊張する。今日は通行待ちの自動車はいない
（以下91ページ）

1 ノッチオフと運転時間

電車はある程度までスピードを出すと、モーターへの電力を遮断して、あとは惰力で進む。力行を終わって惰行（無動力による惰力運転）に移ることをノッチオフという。速度制限が特に複雑な線区でなければ、駅間では、力行を1回したあとノッチオフし、あとは惰行で次駅まで走行するのが普通である。走行距離のうち力行距離を力行率と呼び、平坦《へいたん》線区の各駅停車の電車では駅間距離にもよるが1／4〜1／2が普通である。たとえば、西阿知駅から倉敷駅までの4・0kmのうち、力行する距離は西阿知駅から1・2kmでしかない。これは、重量が大きく、転がり摩擦が小さい鉄道ならではの運転方法である。自動車や船舶が、ほとんどの区間を力行して進むのにくらべると省エネルギーだといえる。むろん勾配線区や制限箇所を縫っての走行では大幅に変わってくる。

運転士が、ノッチオフ速度と次駅到着までの残り時間から計算して、次の駅に遅れずに到着する見込みが立ったと判断して惰行に移るのが普通であるが、駅間距離が短いと、「この形式では時速60kmでオフすればよい」というようなシンプルな目標となることが多い。

山陽本線では、同じ各駅停車の電車にも、通勤型の103系、近郊型の115系、117系、213系などが使われている。このような多種の形式の電車に混乗《こんじょう》する場合は、運転士は各形式の加速と惰行の特性を覚えないと定時運転の目安を立てることができない。いっぽうでは、曲線制限が多くて各形式ともただ制限速度いっぱいで走ればよいという線区も存在する。また、山手線のように各駅の運転時刻を設定せず乗降が済み次第発車し、主要駅で時刻の調整を行う方式もある。

ノッチオフは起動のソフトスタートと同じく、衝動が発生しないよう緩やかに電流を絞るのが望ましい。運転士のマスコン操作ではできないものが多いので、制御器の作用に任されることになる。

同じダイヤに異形式が使用されると運転士の苦労は多くなる。岡山地区では103系、105系、115系、117系、213系が混運用されている（上から103系、105系、117系、213系）

旧来の方式は、まず電流を半減したあとに切とする形式が多かった。電流変化による衝動は2段に区切って半減するものの体感できる範囲で残る。115系などでは、乗客も電動車に乗るとノッチオフの瞬間に衝動とともに「タタン」という主回路のスイッチ音を聞くことができる。2回の音は電流半減動作と遮断動作である。最近のものは半導体制御によって電流値を緩やかに絞る方式が採用されて、ノッチオフの衝動をほとんど感じないようになった。JRでいえば201系以降が該当する。

2　惰行

ノッチオフ後は停止のブレーキ開始まで惰行することになる。

JRの駅間距離4kmの平坦区間を想定すると、発車後1・2kmの力行で速度が時速100kmに達してノッチオフし、2・4kmを惰行する間に速度が低下して時速90〜85kmとなり、停止位置の400m手前からブレーキ使用というのが平均的な数値である。自動車との比較は無意味としても、惰行が利くことはこの数値から想像していただきたい。力行率に対してこの惰行割合を惰行率というが、鉄道の惰行率は想像以上に大きい。

むろん上り勾配があれば速度低下が大きく、下り勾配では惰行中に加速する場合もある。速度が低下せず同一速度で惰行を続ける下り勾配は3〜5‰である。これは時速100km以下の場合であって、高速になると走行抵抗が大きくなるのでこの数値は通用しない。新幹線は20‰下り勾配でも力行している。

駅間距離が短いと惰行する距離が短くなり、ノッチオフ後にすぐブレーキという事態もあり得る。JRでは経済運転の観点から、ノッチオフからブレーキ開始まで最低でも10秒を確保する原則があるが、これらは線区の実情に即して決められることになる。

駅間距離が長かったり、途中に速度制限箇所があると、数回の力行を繰り返す事態が発生する。制限がきついときは途中のブレーキ使用が挟まる。どちらにしても、運転士が速度と次駅までの残り時間を計算しながら走行するのは共通である。

形式により、編成により、乗客の多寡により惰行の状態が異なるので、経験による判断がモノをいうことになる。

3　運転途中での停止

走行の途中に信号などで停止するのは、自動車では想定済みのことである。他の車両との競合や危険防止のための速度低下も同様である。

鉄道は正常に運行しているかぎり途中で停止することはない。専用通路の長所を生かして、相互に障害を与えないように時刻と進路を設定し、次の停車駅まで進行信号で走行するのが原則である。

このために想定外の停車や速度低下はただちに列車の遅れにつながる。

もし途中停車に遭遇したら、予定通りの運転ができない異常事態であると解していただきたい。事故の遠因になった実例も多い。

4　運転士と乗務線路

運転士は自分が運転する線路をどの程度覚えているのだろうか。自動車では初めての道路を走るのは当たり前のことである。このときは道路標識を読み、前方を注視しながら総合判断して運転していく。

鉄道ではこの方式はあり得ない。高い運転速度とブレーキ性能（第4章で詳述）から考えれば、行く手の情報を自分に見える範囲で捉《とら》えてからブレーキを使用したのでは間に合わない。また曲線やトンネルでは見通しが悪いので、ブレーキで止まるのに必要な距離も確保できない。このままでは高速度で運転することは不可能である。

では、どうするか。運転士は、あらかじめ資料によって線路の曲線や勾配、駅の配線から信号機の位置に至るまでマスターする。その上で実際に練習運転して自信を持ってからひとり立ちすることになる。新人は当然のこと、ベテランでも転勤などで新しい線区に乗務するときは

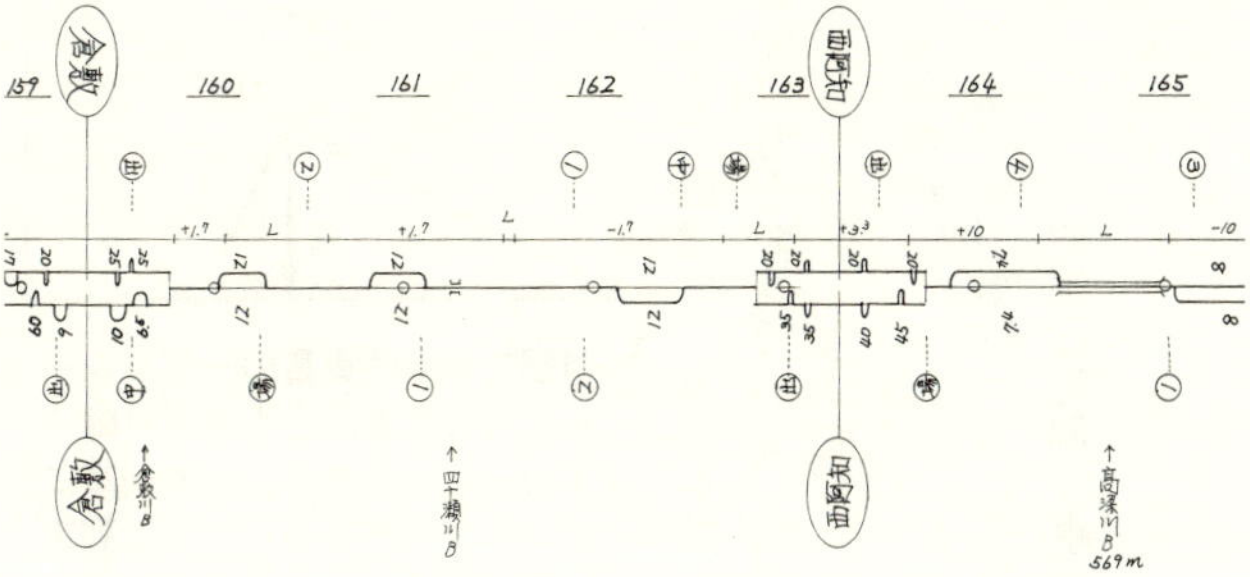

運転士の資料　運転士が自分で作ったトラの巻。これに各自が気付いた点を記入していく。書き込みがギッシリとなるころはすべて頭に入っている

同じ手順を踏む。

　したがって運転士の頭の中には線区の必要なことが全部詰まっている。筆者も自分が乗務したＪＲ線区の記憶は今でも鮮明である。大阪駅の10番線進入の速度制限は？　広島駅の場内信号機の配列は？　米子《よなご》駅３番線の９両編成の停止位置は？　瀬戸大橋の橋梁上の列車別の速度制限は？　いずれも即答できる。

　運転士はこういう知識と技能を備えた専門職である。

５　走行抵抗

　鉄道は他の交通機関にくらべて惰行が利くと述べた。しかし、もちろん走行するには抵抗がある。惰行しているうちに速度が落ちてくるのも走行抵抗であるし、列車を走らせる動力装置の相手も走行抵抗である。車両を移動させるのだから抵抗があるのは当然だが、それを分析してみよう。

純走行抵抗

走行抵抗とはすべての抵抗の合計を示すことが多いが、純走行抵抗とは純粋に車両を動かすための抵抗を意味する。純走行抵抗は、車輪を支える軸受の抵抗と、レールと車輪の転がり摩擦による抵抗であり、速度が高くなるにつれて増加する。

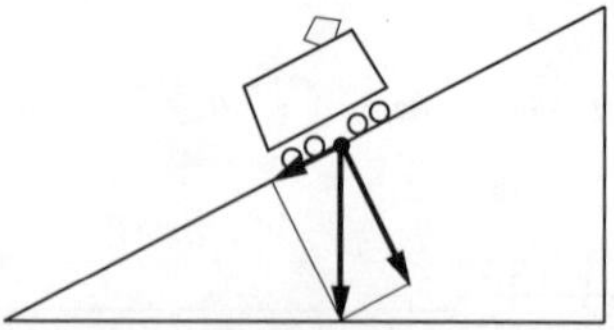

勾配では車両重量の一部がレールに沿って車両を引きずり降ろす力となって働く。上る列車にとっては抵抗であり、下る列車には推進力として作用する

勾配抵抗

上り勾配では、車両を高い位置へ移動させるための勾配抵抗が発生する。自転車や自動車で経験するとおりである。勾配が大きくなれば比例して増加する。

曲線抵抗

曲線では、車輪は常に進行方向を変えているが、この変位によってレールとの摩擦力を生じる。また、内側と外側の車輪では進行距離が異なる。これらによって曲線の通過時には抵抗を生じる。

空気抵抗

時速１００km以下では空気抵抗は無視できるとされているが、新幹線のような高速では大きな抵抗となる。車両の前頭・後部の形状と車体表面の凹凸により大きく変動する。

風による抵抗も考えられるが、暴風でないかぎり、運転に影響するほどではない。ただし横風を受けたときの微妙な差を運転士は感じることができる。

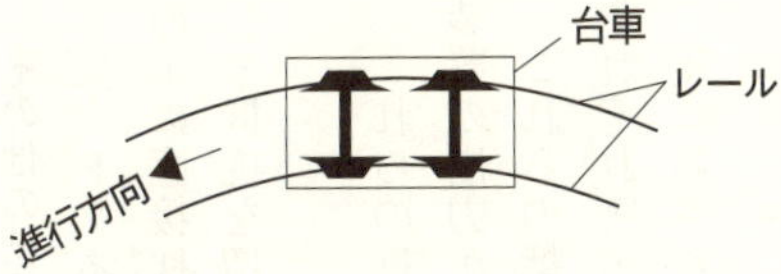

曲線抵抗　曲線走行中は外側前輪のフランジがレールに接触して誘導する。各車輪の向きがレールと完全平行とならないため、わずかな滑走が生じる

橋梁では軽量化のためにバラストを省略して鉄桁の上に枕木を置くことが多い。当然ながら衝撃緩和がなくなり、抵抗や振動、騒音が大きくなる（福山〜備後赤坂）

出発抵抗

停まっている車両を起動するときは走行抵抗が大きい。理由は軸受の固《こ》渋《じゅう》で、回転を始めれば解消する。この増加分を起動抵抗と称し、起動して速度が時速４kmまで上がると０として計算する。

その他の抵抗

長大トンネルでは空気抵抗が増加し、橋梁では構造によって抵抗が増加する。橋梁のうち桁《けた》の上に直接枕木《まくらぎ》を置いた構造は列車の走行による衝撃を緩和できず、そのまま車両に衝撃を返して抵抗を増加させることになる。

これらの抵抗のうち、最も影響が大きいのは勾配抵抗である。これは車両重量に対して動力装置の出力が小さくて済むという、鉄道の長所が裏目に出たものといえる。

これらの抵抗を総合して総合値を求める。新幹線を除けば空気抵抗は無視されるのが普通で、それぞれ実情に応じて計算される。

後に述べるランカーブはこの計算によって描くことになる。

6　速度制限

道路では交通統制のための制限はあるが、曲線や勾配による速度節制は運転士に任されている。交差点の左折右折も同じである。

鉄道では運転士の体感による判断によって速度を制限していては間に合わないため、線路条件と車両条件から制限速度を定めて厳守している。以下にさまざまな場面での速度制限について説明しよう。

曲線の速度制限

鉄道を敷設するときは、できるだけまっすぐ線路を敷きたいが、地形や障害物、目的地などの条件のため、曲線を入れることになる。

鉄道の曲線は円曲線であり、その半径をＲとしてｍで表示する。Ｒ６００の曲線といえば巨大なコンパスで地表に半径６００ｍの円弧を描いたことになる。曲線は速度制限の原因となり、Ｒに応じた速度制限が設定される。

市街地ではやむを得ず急曲線を設ける場合が多い。東海道本線有楽町駅北方のR400の曲線

曲線の最小限度は、ＪＲ東海道・山陽などの幹線はＲ４００であるが、建設の経緯から例外的な急曲線が残っている。山陽本線の西半分は地形のためもあってＲ３００が散在しており、スピードアップの障害となっている。

ＪＲ東海道本線の東京～新橋《しんばし》はＲ４００の連続であり、山手線の品川《しながわ》～大崎《おおさき》の大カーブはほとんどＲ３００である。東北本線は複線化のときにＲ６００以上に改良されたし、幹線のバイパス線として計画された赤穂《あこう》線や阿武隈《あぶくま》急行線

曲線標　表の500は曲線半径をmで示す。裏の TCL は緩和曲線長、CCL は曲線長をmで、Cはカント、Sはスラックを㎜で示す

は当初からR800以上で建設されている。

JR支線区ではR200を最小としており、輸送量の少ない線区は建設費軽減のため例外的にR160を認めている。なお駅構内の側線では速度の心配がないのでR100まで可能としている。

古い歴史を持つ鉄道は市街地で急曲線を持つものが多く、スピードアップの障害となるほか、車両に不利な条件を強いる原因となっている。

路面電車では交差点を曲がるときR20以下にな

緩和曲線標　直線と緩和曲線の境界に設ける

る場合がある。車両側も対応して台車の回転を大きく許容する構造が必要となる。

曲線の始端と終点には曲線標を設ける。線路脇の低い縦長の標で、表にRを数字で記している。裏面は曲線長と緩和曲線長、次に述べるカントとスラックの記入がある。運転士がこれから進入する曲線を読む方向が表である。

曲線の速度制限の目的は遠心力による脱線の防止のためである。線路を傾けて車両を内側に傾斜させると、通過速度を速めることができるがそれにも限度があり、曲線に応じた制限速度を定めざるをえない。

JRにおいて、R400の制限速度は原則として時速70kmであるが、線路と車両の精度と強度を上げることで上積みしているものが多い。第7章で説明する振子車両を採用すれば時速100kmも可能である。一般車両が時速120kmで通過できる曲線はR1400、最小曲線のR200では時速50kmとされている。

新幹線の最小曲線は、東海道は時速200kmを想定してR2500、山陽・東北・上越は時速260kmを想定してR4000で建設された。その後これらの速度制限は車両の重心低下などの改良により上積みが図られている。ドイツのICE（都市間高速列車）が走る新線はR7000が最小というから、日本の国土は鉄道に対してずいぶん厳しい課題を突きつけている。

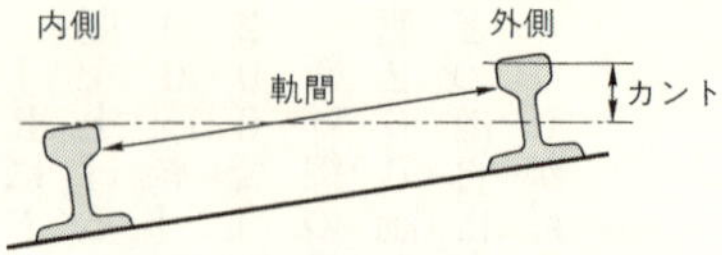

カントの表示は左右のレール頭部の内側における高低差で表示する。同じ角度の傾きでも軌間（レール間隔）が異なると数値が異なってくる（在来線で105㎜、新幹線で180㎜以下）

カント

このように、曲線での速度制限は鉄道にとって大きな課題である。通過速度を向上させ、遠心力による脱線要素を減らし、乗り心地を改善するために、曲線では車両を内側に傾けるよう左右のレールに高低差を設ける。自転車やバイクでカーブを曲がるときに内側に傾くのと一緒である。この高低差をカントと呼び、㎜で表す。制限速度を上げるためにカントは大きくしたいが、停止したときに横転の危険のない安全度と床面傾斜による乗客の不快感から限度が定められる。なお、分岐器（ポイント）の曲線には構造上カントを設けられない。

ＪＲ在来線では１０５㎜（車体傾斜５・６度）、新幹線では１８０㎜（車体傾斜７・１度）を最大としている。

曲線の始端と終端での水平からカントへの移行は、次に述べる緩和曲線に合わせてなだらかに行う。

カントの設定は、外側レールを高くする方法で行われるが、新幹線では同時に内側レールも下げてバランスがよくなるよう図っている。もうひとつ踏み込んで車体重心を中心に回転するようにカントを設定すれば、乗客を回転中心に置けるので振り回される感覚が減少して、乗り心地はさらに向上することだろう。

スラック

曲線の車両通過を容易とするため、曲線では左右のレール間隔をわずかに広げる。これをスラックと呼び、ＪＲ在来線ではＲ４４０以下の曲線に設けられる。Ｒが小さいほどスラックは大きくなり、急曲線では20㎜まで認めている。

緩和曲線

直線と曲線の境界には、曲率の急激な変化による衝動を防ぐため緩和曲線を設ける。緩和曲線は三次放物線（$y=x^3$の曲線）を使用して緩やかな移行を図っている。直線と緩和曲線の境には緩和曲線標を設置している。

分岐器の速度制限

分岐器は急曲線の典型であり厳しい制限が課せられる。また、分岐器はカントや緩和曲線を設けるのが無理なので、同じＲでも速度制限を厳しくする。

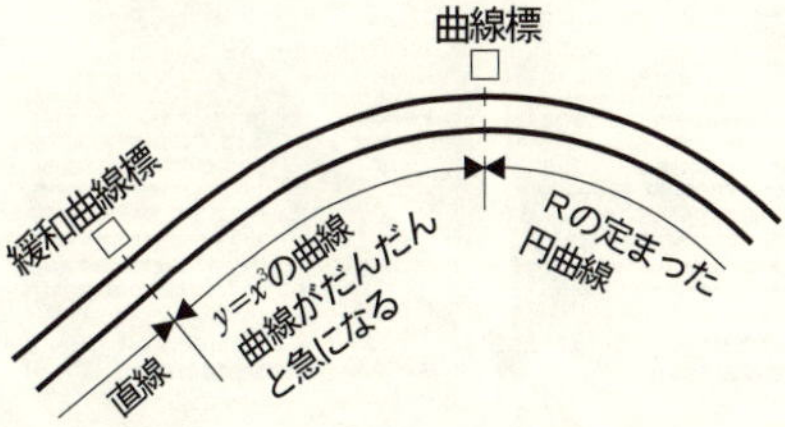

緩和曲線

分岐器の交差部　レール交差部に切り欠きの隙間があり、車輪が渡るときに衝撃と騒音が大きい。高速通過のときは速度制限が必要になる

多く使用される分岐器では、12番で時速45㎞、10番で時速35㎞の制限となっている（番数の意味については第5章参照）。新幹線には38番で制限時速160㎞の分岐器が高崎《たかさき》駅北方の上越・長野両新幹線の分岐点に存在する。

分岐器は曲線と異なり、車種や構造別による制限速度の上積みは原則としてない。純粋に遠心力による脱線を対象にしているからであろう。

直線側は制限不要のはずだが、レール交差部で渡る隙間《すきま》が大きいのと、先端の密着部で水平・垂直に変化が生じるため制限を設けている。ただし、時速90㎞・100㎞という制限速度なので列車への支障は少ない。特急など高速列車に対しては、車輪踏面の精度を高めて制限速度

ノーズ可動分岐器　レール交差部の尖ったレール（ノーズ）を可動として隙間をなくしたもの。高速運転や騒音防止の目的で設置される。新幹線は全面的に採用している（上野毛駅）

を上げている。ＪＲ在来線では時速１３０㎞制限が最高である。新幹線では交差部をノーズ可動として隙間をなくしている。当然ながら速度制限もない。ノーズ可動とはレール交差部の先端（ノーズ）を動かして隙間をなくす構造のことである。

駅への到着、発車時などには、ガタガタという音が床下から聞こえてくるので分岐器を通過するのが体感できるが、この音は、レール交差部の隙間を通過するさいに車輪がたてる音である。

また、分岐器を曲線側に進入するときには車体が左右に大きく振られ、車掌も「ゆれますのでご注意ください」などとアナウンスすることがある。通常の曲線にくらべて、分岐器の曲線ではカントや緩和曲線がないため、このような動揺が生じやすい。

勾配の速度制限

次に勾配での速度制限について述べよう。

線路の勾配は‰（パーミル、千分率）で表す。水平距離１０００ｍに対する高低差のｍ表示である。機関車牽引の線区では10‰に抑えるのが原則で、山岳線区でも25‰が通常の限度とされ、ＪＲ在来線の営業線では33‰が最大である。ごく短区間ではもっと大きいものもある。勾配が端数になるのは勾配を分数で設定したためで、16‰＝1／60、25‰＝1／40、33‰＝1／30となる。

電車は重量あたりの出力が大きく、駆動軸数が多くてブレーキ性能も高いため、33‰でも問題ない。神戸電鉄は50‰区間が多く、箱根登山鉄道は80‰を運転している。しかし急勾配は運転操作と安全面から見てマイナスであり、線路の保守費用もかさむので、できれば25‰程度に抑えたい。駅構内の勾配は10‰以下とされているが、特認を得て25‰や33‰にホームを設けた例もある。

勾配の表示は、勾配の変化地点の線路脇に腕木式の勾配標があり、表に勾配を記している。

勾配標　腕木式が基本であるがスペースのないトンネルなどは様式が異なる。これは25‰上り勾配の始端に設けたもの。向こうから手前に向かう列車にとっては25‰下り勾配の終端となる

運転士がこれから進入する勾配を読む方向が表である。

下り勾配

下り勾配にも速度制限がある。自動車ではブレーキの効きが落ちるのを考慮して運転士がスピードを自粛するが、鉄道でも同じ理由で計算と実測データによる制限速度を定めている。ブレーキの効きによる制限であるから、効きのよい電車は制限が緩く、貨物列車などは慎重に制限を定めている。

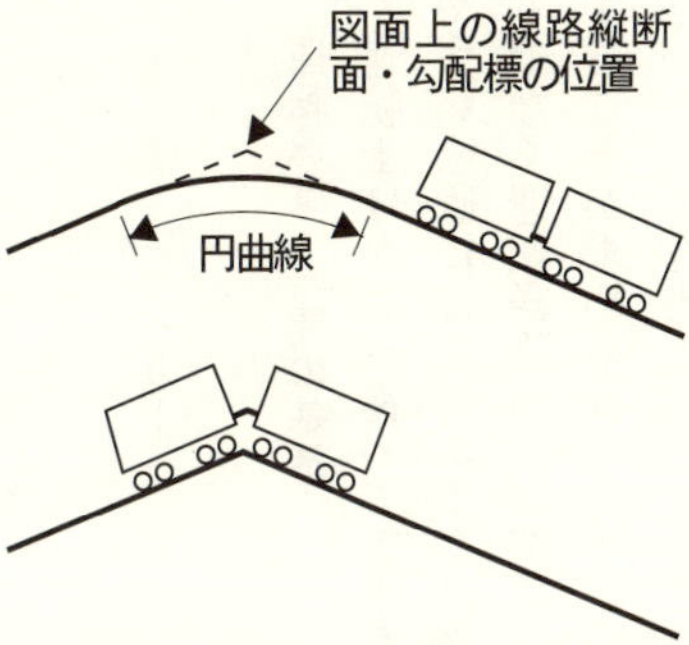

縦曲線の模式図　勾配変化点が折れていると車両の連結器に無理がかかり、衝動も発生する。それらの防止のために縦曲線を設ける。縦曲線を設けても新幹線では重力変化を感じることがある

具体的には、線区の該当区間で制限を明示している。JR山陽本線の八本松《はちほんまつ》～瀬野の22‰勾配では、電車は時速80㎞、旧型貨車で時速50㎞であった。

縦曲線

勾配が変化するとき、線路は縦方向に折れ曲がる。車両に無理がかからないように曲線で結ぶが、これを縦曲線という。通常はR3000を最小限度とし、曲線区間ではRをさ

らに大きくする。また条件によっては小さくすることを認めている。

7 ランカーブ

運転速度・時間の基準

運転士はなにに従って電車を運転しているのだろうか。運転台を覗《のぞ》けば、運転士から見て見やすい位置に縦長のボードがさしてあるのが見える。これは運転時刻表で、その列車の時刻のみでなく運転経路および関係注意がすべて示されている。運転士はこの指示通りに列車を運転することが求められていて、いわば業務指示書といえる。列車の運転時刻は、「ランカーブ」というものをもとにして作られている。ランカーブ（run curve）とは列車走行曲線の略称である。A駅〜B駅の距離を横軸に描き、列車の速度と時間を縦軸に、進行に応じて記してゆく。動力装置による牽引力から走行抵抗を差し引いたものが加速力で、この加速力により列車が速度を上げていくのを計算して曲線を引いていく。

計算はコンピューターの仕事だが、昔は手計算で行っていた。車種・形式などによって条件が全部異なり、線路の勾配や曲線によって加速力は変化するので計算は複雑になる。

出来上がったランカーブを見れば、A駅を発車後のある地点では速度が時速○㎞まで上がりその地点での経過時間が○分○秒と読むことができる。惰行に移ると走行抵抗による速度低下

列車		最高速度		速度種別		けん引定数	
上り 特急客 4		110 KM/H		特急客B4			
運転時分	停車場名	着	発	着発線	制限速度	記事	
	広島	0:06	0:10	④	35	(乗)	
	向洋	‖	‖				
7 30	海田市	⇩	17 30		65		
3	安芸中野	⇩	20 30				
	中野東	‖	‖				
4 30	瀬野	⇩	25		80		
11	八本松	⇩	36		50 75	列停1/2	
5 30	西条	⇩	41 30				
4	西高屋	⇩	45 30				
4	白市	⇩	49 30		75		
	入野	‖	‖				
7 30	河内	⇩	57		80 65	列停1/2	
10 15	本郷	⇩	1:07 15				
7	三原	⇩	14 15				
2 45	糸崎	⇩	1:17	③	70		
7	尾道	⇩	24			列停4	
	東尾道	‖	‖				
7	松永	⇩	31				
3	備後赤坂	⇩	34				
4	福山	⇩	38		90		
3	東福山	⇩	41			列停4	
2 30	大門	⇩	43 30			列停1/2	
5	笠岡	⇩	48 30				
4	里庄	⇩	52 30			列停3	
2 45	鴨方	⇩	55 15				
2 15	金光	⇩	57 30				
4	新倉敷	⇩	2:01 30			列停4	
3 30	西阿知	⇩	05				
2 30	倉敷	⇩	07 30		90		
3	中庄	⇩	10 30				
3	庭瀬	⇩	13 30			列停2	
2 45	西岡山	⇩	16 15				
2 45	岡山	〔2:19〕	〔2:21〕	⑩	80	(乗)	

注意事項　ATS－SW

4ﾚ　さくら　15×55.5
広島　休憩場所　乗務員宿泊所
　　　出先点呼　広転分所　23:51
岡山　出先点呼　岡山運転区

A運用　下関3　東京　4ﾚ　下関　EF66

があり、ブレーキを使用してB駅に停車すると、速度は0となり、経過時間は○分○秒と計算できる。

運転時間を算出する基礎となるので、実情に応じて種々の条件がこれに加味される。たとえば乗車率はラッシュ想定の150%とするのか、100%でよいのか、架線電圧は1500Vとするか、多くの列車が走る想定で10%落ちの1350Vとするか、など多様である。ラッシュとデータイムを使い分ける方法もある。ともかく実情に合わないと意味がない。

最後に余裕時間をランカーブに加える。余裕がなけ

（左）**時刻表**　運転士が携帯する時刻表で、すべての業務指示がこの1枚に書き込まれている。岡山駅の時刻のカッコは客扱いをしない停車であることを示す

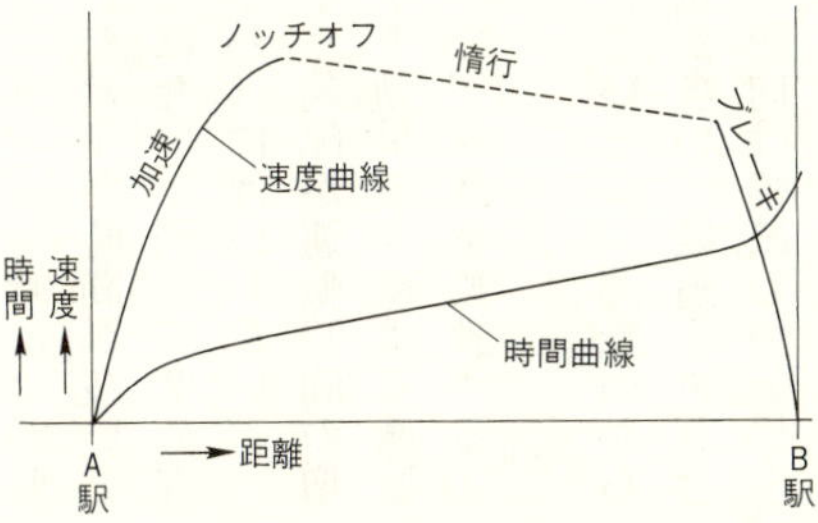

ランカーブ　最も単純なランカーブの例を示す。平坦線で速度制限もないため、スッキリした線になる。勾配が変わると加速、惰行、ブレーキの線がいずれも変わってくる。速度制限があってセーブする場合も同じである

れば遅れたときに回復が不可能になる。5％程度が常識とされているが、ラッシュ時には20％の余裕を見込んでいる線区もあるという。余裕が多いということはそれだけ所要時間が多いということだが、これなら相当の遅れが発生してもダイヤが混乱することはない。列車が2分遅れれば1本を運休する線区も実在するので、余裕が多すぎると批判するわけにはいかない。

実際にランカーブを眺めると、発車直後の上り勾配と停車駅手前の下り勾配が運転時間の増加につながるのがよくわかる。言うまでもなく、加速力の低下とブレーキ効果減少による減速度の低下が原因である。これらを建設後に改良するのはまず不可能なので、線路を敷設するときの駅の位置決定は重要である。

電車の性能向上に伴って、勾配に関係なく駅が新設される実例が増えているが、運転面からの観察ではわずかに位置をずらせば運転条件を飛躍的に改善できる実例が多い。鉄道も営利会社であることは理解しているが、もう少し運転コストと安全について目を向けてほしいと思う。

秒単位で設定されるダイヤ

ランカーブによって算出された時間は1秒単位となる。しかし現実には1秒単位で設定してもわずらわしくて意味がないので、端数を省略するのが普通である。JRの機関車が牽く貨物列車や寝台特急などは15秒単位が普通であり、電車区間では5秒単位が多い。高密度の区間ではもっと細かい区分があることだろう。

停車時間の設定も重要となる。きめ細かく設定するのが望ましいが、現実が合致しなければ何にもならない。ドア1つに乗客が3名多ければ1秒増えるという計算例もある。ダイヤを設定する立場からは1秒でも短くしたいのが本音であるが、予想が外れると毎日遅れが発生することになる。反対に、休日も平日と同じダイヤの線区では、休日のラッシュ時間帯に乗車すると、歯がゆいほどのんびりと走行し停車することを体験できる。

8　電力が電車に届くまで

電流帰路としてのレール

電車は屋根の上のパンタグラフで架線から電力を受けて動力源としている。しかし、電気回路は最低でも往復の2本が必要である。家庭用の機器を観察してもコンセントから必ず2本のコードがつながれている。だが架線は1本である。架線で車両に送られた電流はどうやって変電所に帰るのだろうか。

実は鉄道は電流の帰路としてレールを使用している。架線から電車に供給された電流はモーターを回転させるという仕事を終えたあと、専用のシューで車輪へ、さらに車輪からレールへ移り、レールを通路として変電所に帰ってゆく。架線のある所には必ずレールがあるので別の装置を設置する必要がない。

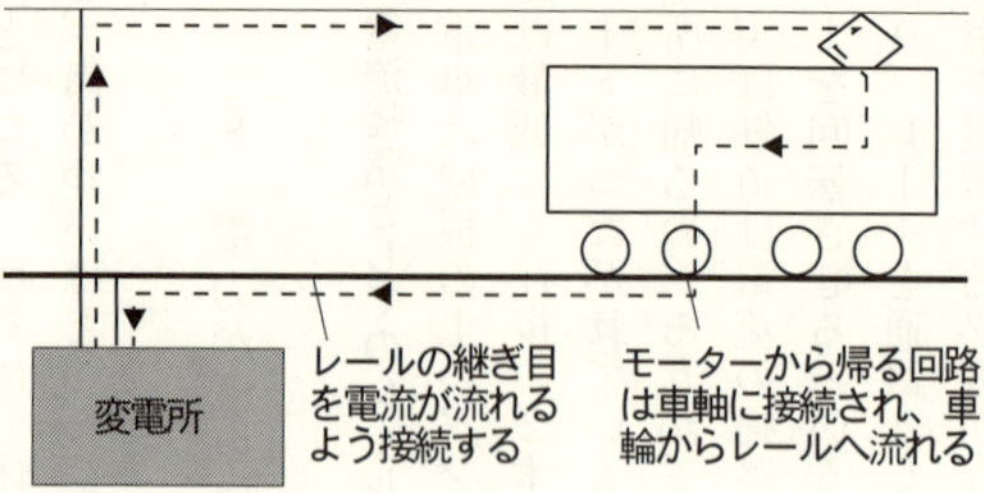

電流帰路

したがって目に見える電流通路は架線のみであるが、レールと組み合わせて往復の回路をなしている。レールには継目があるので、電流が流れるように継目を電線で接続しているのをホームからも見ることができる（次ページの写真）。

レールは鉄製なので電気抵抗が架線の銅などより大きい。このため、レールを流れるべき電流が抵抗の少ないルートを選んで地中に漏れることがある。この電流が水道やガスなどの配管を経由すると電気腐食によって配管を傷めることがあるので、迂回電流の防止策が施されている。

電化方式

電化方式に直流と交流があることはご存知であろう。直流は電流の流れる向きが一定で、架線がプラス、線路側がマイナスである。交流はその名のとおり、決まった周期に従ってプラスとマイナスが交替する。たとえれば、直流はモーターのように一方向への、交流はガソリン機関のピストンのように往復するエネルギーと考えればよい。

JR在来線では、九州・北陸・東北・北海道の各地域が交流を採用し、それ以外の地域は直流である。JR以外では、つくばエクスプレスの半分と阿武隈急行が交流で、残りは直流を採用している。

両方式とも長短があるが、都市圏の路線はその比較によってというよりも歴史的な経緯で直流を採用している。またそれが現状にマッチしているのも事実である。

直流で始まった経緯

レールの継目に設けた接続用の電線　電流が大きいため太い電線を使用している。一時は盗難に悩まされたことがある

電気車両の走行動力は創始時代から直流を使用してきた。速度制御が容易で低速回転力の大きい直流モーターを使用してきたためで、今後も変わらないであろう。

最近は交流モーターの採用が進んでいるが、これも速度制御のために直流電源から交流に変換する過程を経るので直流からは逃れられない。交流形式では、パンタグラフから交流→直流→交流という変換を経てモーターに至ることになる。

直流は電圧の変更ができないので、車両用として1500Vを採用した。これ以上の高電圧は車両構造の面で不利が多い。したがって変電所から1500Vで送電することになる。

交流は変圧器によって電圧の昇降が自由である。車両が受電

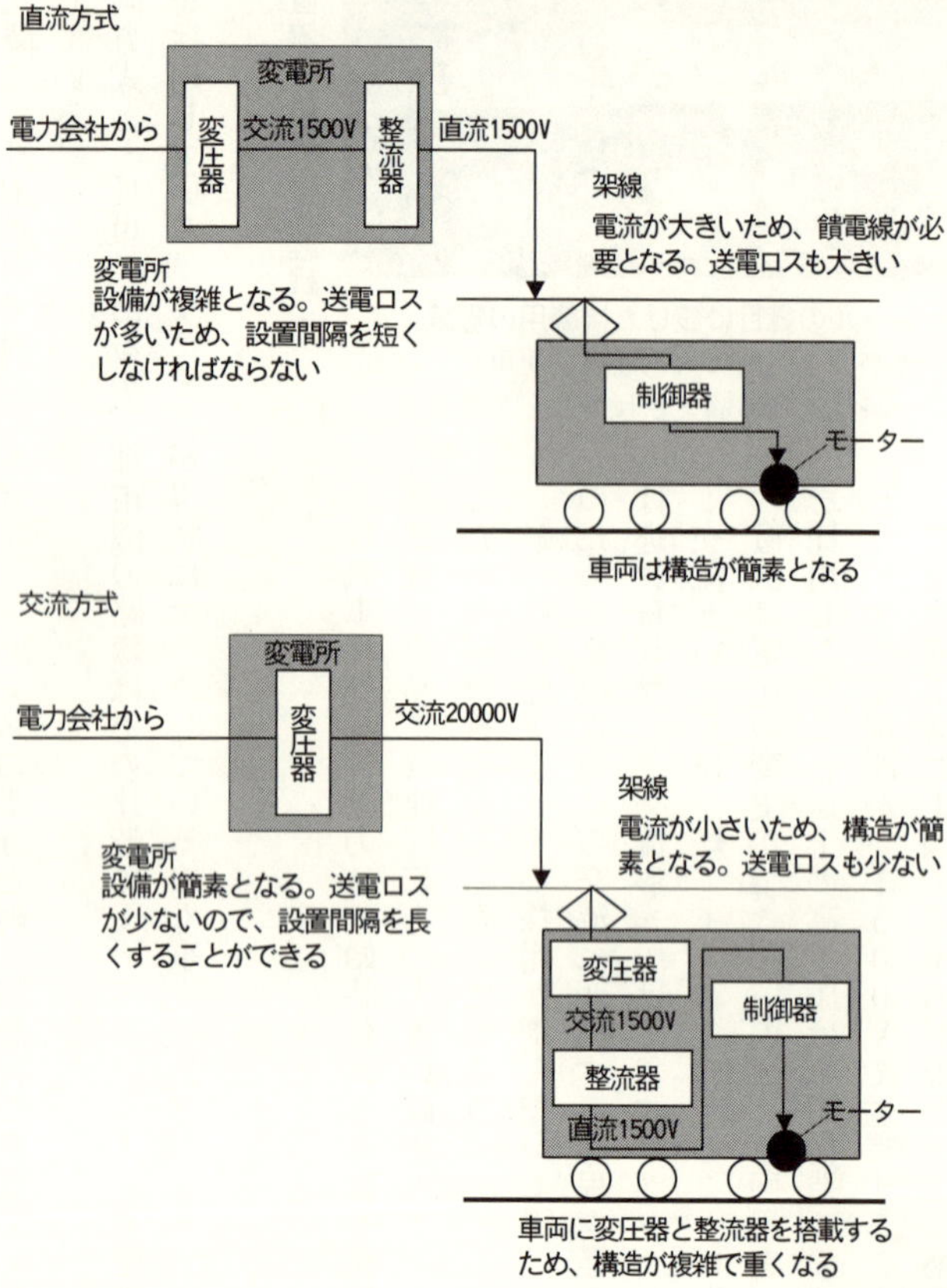
直流方式
変電所
電力会社から
変圧器
交流1500V
整流器
直流1500V
架線
電流が大きいため、饋電線が必要となる。送電ロスも大きい
変電所
設備が複雑となる。送電ロスが多いため、設置間隔を短くしなければならない
制御器
モーター
車両は構造が簡素となる
交流方式
変電所
電力会社から
変圧器
交流20000V
架線
電流が小さいため、構造が簡素となる。送電ロスも少ない
変電所
設備が簡素となる。送電ロスが少ないので、設置間隔を長くすることができる
変圧器
交流1500V
整流器
直流1500V
制御器
モーター
車両に変圧器と整流器を搭載するため、構造が複雑で重くなる

直流方式と交流方式

後に降圧すればよいので変電所から送電する電圧は自由に選定できる。電圧は大きいほど送電設備が簡素となり、送電途中のロスも少なくなる。国際標準は25000Vである。

直流と交流の比較

電圧と電流の関係を理解するために、身近な例としてお金にたとえてみよう。

お金が20000円ある。持ち運びの便利さを考えれば10000円札2枚がベストであろう。しかし使用するときは両替や釣り銭がないのが望ましい。その状態を予想すれば100円玉200枚が最も便利かもしれない。

今必要としているのは電力を変電所から車両へ送ることである。右の例では20000円を届けることになる。ここで電圧×電流＝電力、という公式が出てくる。

電圧×電流＝電力

電圧は貨幣の大きさを表す。100円玉によるか、10000円札を用いるか、の違いになる。

電流は貨幣の量を表す。紙幣・硬貨を何枚使用するか、という数量の意味である。

電力はお金の総量価値を表す。今の所持金は2万円だ、という具合に。

したがって20000円を所持・運搬する様式として、

10000円札（電圧）×2枚（電流）＝20000円（電力）

100円玉（電圧）×200枚（電流）＝20000円（電力）

という選択をすることになる。他にも10円玉・1000円札などを使用するという多くの選択肢がある。

そこで、電化方式を決めることとは、必要な電力を車両まで運搬する手段の選択となる。ここで問題なのは、電圧の変更すなわちお金の両替である。10000円札で届いても現実に使えない。100円玉に両替する必要がある。

両替とは電圧の変更を意味する。交流ならば変圧器で簡単にできて効率もよい。20000円を10000円札2枚で運び、電車内で100円玉200枚に両替して使うことができる。

直流でも、不可能ではないが、設備が大がかりとなる上に損失が大きく、現実には採用できない。したがって直流では20000円を最初から100円玉200枚として運ぶ必要がある。つまり架線から送られた電圧をそのまま（両替せずに）使用する方式を強いられる。大きなサイフ（送電設備）が必要になる。

具体的に単純比較をしてみよう。JR東海道本線の主力であった15両編成電車とEF66型機関車はともに出力が3900kWである。電力［kW］＝電圧［V］×電流［A］であるから、直流方式とすれば、電圧1500V、電流2600Aとなる。交流方式では、電圧20000V、電流195Aとなる。

問題となるのは電流値で、交流195Aに対し直流は13倍の2600Aを流す設備が必要となる。

直流方式の長所と短所

直流方式の電圧は1500Vが日本の標準である。国際的には1500Vと3000Vが主流となっている。一部の路線と地下鉄や路面電車には750Vと600Vもある。

電圧が交流より低いので架線設備は簡易になるが、電流が大きいので架線だけでは充分な量を送電することができない。そのため、饋電線《きでんせん》（第5章参照）が必要となる。変電所は直流への変換設備を内蔵するため建設と管理の費用が大きい。大電流による送電ロスも交流にくらべて大きいので、変電所の間隔を短くする必要がある。このため変電所が多くなり送電設備の経費も大きい。地上設備では交流より著しく不利である。

その代わり、車両は交流のような大がかりな装備が不要で費用が小さくて済む。電圧が低いので点検や保守が容易である。電車のように動力ユニット数が増えるとこの長所が有利となる。全体の車両数が多ければこの長所は地上設備費の増加よりも大きく、トータルとして総経費が少なくなる。反対に車両数が少ないと総経費が多くなる。

交流方式の長所と短所

交流方式の電圧は、在来線が20000V、新幹線は25000Vとなっている。この違いは、在来線の20000Vが日本に最適として選ばれたあと、新幹線が国際標準である25000Vを採用したためである。そのため新幹線と在来線を直通する秋田・山形新幹線では車両側が複雑な構造を強いられている。

電圧が高いことは、架線設備の絶縁や離隔距離が厳しくなって一見不利であるが、電流値が小さいために送電設備の簡素化と軽量化が図られる。直流方式の重々しい饋電線などが不要となる。また、交流は電流値が小さいので送電ロスが少なく変電所の設置間隔を直流の5倍以上にできる。変電所は直流変換の設備が不要で簡素なものとなる。この変電所の相違による経費低減は大きく、地上設備では交流方式が有利である。

2006年に北陸本線の長浜《ながはま》〜敦賀《つるが》の電化方式を交流から直流に変更したさいには、交流の長所が失われ、変電所の増強や饋電線の増設などの費用が生じている。

車両は、高電圧を受電して変圧器で降圧する装備と、直流に変換するための整流器を持つため、直流より高価になる。高電圧なので点検保守も複雑となり経費増につながる。装備が大がかりになると機関車が有利で、動力を分散する電車は機器の数が増えて経費増が大きい。

トータルすると、車両数や列車回数が多くないときは、地上設備費の少ない交流方式が有利である。大都市圏のように車両数が増えると、車両の経費が変電所経費の軽減を上回ることになる。

ただ、新幹線のような大出力になると電流が大きくなって、直流では全車にパンタグラフを装備しても電流の供給が間に合わない。長所短所を比較する問題でなくなる。交流方式でなければ新幹線の高速運転は不可能であった。

停電後の制約

動力源である電力は、専用の変電所から架線を通じて電車へ送られる。全列車が同時に最大出力で走ることはないとの判断から、変電所の容量と配置が決められている。

ひとつだけ全列車が全出力運転する場合がある。架線が停電したあとに再送電された場合の起動である。これでは変電所の容量を超え、電圧が下がってしまうため、電車が正常に起動できない可能性がある。そのため、その対策として列車を分類して時間差をおいて起動するよう定めている。上りと下り、特急や普通の種別、駅での停車か駅間の停車か、などの分類があり、線区に適した方法が採用されている。送電されたのに、自分の乗っている電車はなぜ運転開始しないのだろうかという疑問が出た場合は思い出してほしい。

架線停電は何らかの原因によって変電所の保護装置が動作して発生するが、新幹線では緊急停止信号として架線を停電させる方式を併用している。この場合は、故障や事故ではなくても、停電し、自動的に停車する。地震の発生時などがそれである。

同時発車の制限

停電時以外にも、変電所容量のために複数列車の同時力行を制限することがある。その典型として単線の行違い駅での発車がある。

2列車が同時に発車して全力運転をすると変電所の容量をオーバーする場合、時間差を設けて発車させるシステムである。電化したさいに変電所の設置を節約したためであろうか。時間差は、30秒や1分の場合が多いが、筆者の経験では最大3分の差を設けていた。列車が遅れているときは本当に歯がゆい待ち時間であった。

第4章　止まる

軽井沢横川間の十七分青き機関車頼もしかりき

（写真・読売新聞社）

田中守敏

西阿知駅から倉敷駅に向けて走ってきた電車も、到着が目前になった。車内では車掌が到着や乗り換えのアナウンスをしている。荷物を網棚からおろして出入口近くに移動する乗客もいる。運転士は、時速90キロで走行している電車をこれから停止させなければならない。倉敷駅は停止定位のため速度を落として進入するが、そうでなければ時速90㎞から停止のためのブレーキを使用することになる（停止定位については第6章で説明する）。停止は発車よりもデリケートな操作が要求される。しかもただ単に止めればよいのではなく、乗客が倒れたりしないように衝動なく、しかもホームで待っている乗客にドアの位置がピタリと合うように止めなければならない。

この章では、電車を止めるための仕組みと運転士の技術について説明しよう。

1　ブレーキと運転士の心理

列車を停止させるためにはブレーキを使用する。電車のブレーキの取り扱いを、筆者の経験から自動車と比較してみよう。

自動車では、停止位置を自分が見て確認する。見通しが悪ければ速度低下して接近する。停

⑯２分１秒　時速92km　場内信号機の確認地点だ。４基ある信号機のうち、右から２番目の３番線が注意現示であることを確認する。「３番場内注意」。注意で進入するのは倉敷駅が停止定位のためである。続いて時刻表を指で押さえて「倉敷停車」と喚呼する。右側に寄ってきたのは水島臨海鉄道の線路である。岡山地区の貨物の半分はこの線から出てくる。JR貨物にとって大荷主である。倉敷は停止定位なので場内信号機は注意を現示している。これからブレーキを使用して注意現示の制限である時速55kmまで速度低下する

⑰２分12秒　時速89km　注意信号に対するブレーキを使用する。常用ブレーキである電磁直通ブレーキである。「直通」表示が点灯、ひと息おいて「発電」が点灯、直通管とブレーキシリンダーの２本の指針も上昇している。以上をチラッと見てブレーキが正常なことを確認する。速度は順調に落ちていく

⑱２分30秒　時速53km　場内信号機の直前で無駄なくブレーキを緩め、注意現示の制限いっぱいの55kmで進入する。模範的な速度だ。到着まであと１分30秒、駅間運転時間４分00秒のうち、１／３以上を倉敷駅進入後に消費する。もったいない速度低下だ

⑲２分52秒　時速53km　場内信号機を通過。構内が広いので場内信号機からホームまで遠い。進行定位として時速80kmで進入すれば20秒の短縮が可能となる。伯備線との合流駅なので停止定位とするのはやむを得ない

⑳３分２秒　ATSの警報が鳴った。ジャーンというけたたましい音で、何があっても気づかぬことはない。軽いブレーキを当てて確認ボタンを押し、警報を解除する。以後はチンコンカンコンというチャイムが鳴りつづける。これは次の信号が停止現示であることを忘れるなという注意で、停車するまで止めることを禁じられている

㉑３分５秒　時速52km　左手から伯備線の複線が合流してきた。山陽と山陰を結ぶ特急「やくも」街道である。右手は水島臨海鉄道を出入りする貨車の入換線であった。現在はすべての貨物列車が岡山から直通するので、入換線は廃止となっている

㉒３分11秒　時速52km　ホームが見えてきた。水島臨海鉄道は右手に独自の駅を構えている。JRのホームに乗り入れれば乗客にとってずっと便利になることだろう。倉敷駅は高架化の方針が決まっており、この光景はいつまで見られるだろうか

㉓３分21秒　時速50km　ホームにさしかかる。左側に見えているのは伯備線のホーム。特急「やくも」が停車するのでホーム全長に屋根がある。橋上駅のデザインは倉敷に残っている江戸時代の蔵屋敷のデザインだという。運転台からのみ楽しめる角度である

㉔３分29秒　時速48km　停止目標の100m手前からブレーキを使用する。ここまで速度が落ちればあとは速度計は不要で目測のみでブレーキの効きを追っていく。ホームの乗客がみんな進入列車を見ている。新任のころ、自分が注目を浴びているようで恥ずかしかったことを想い出した

㉕３分44秒　時速23km　橋上駅の下に入って日蔭に入る。停止目標が目前に来た。◇4の電車４両の目標である。20m前方には機関車用の[4]が立っている。ここまで来ればあとは衝動防止だけを考えればよい

㉖３分53秒　停車　衝動なく停車した。ドアが開く音とともにドア表示も消灯した。指さして喚呼する。「消灯」。背後では乗客の足音が入りみだれている。時計を見ると７秒の早着だ。計算通りうまくいったと笑みが浮かぶ。３番線の出発信号機が停止から進行に変わった。もうすぐ発車だ

止位置がわかったら速度を勘案しながらブレーキを使用する。乗り心地と安全のために大きなブレーキを使用しないよう心がける。また衝動の原因となるブレーキ力の急激な変化は極力行わない。

これらの操作は特別に考えなくても常識として判断し実行している。操作も最大ブレーキ力の半分以下が普通で、最大ブレーキは緊急時以外は使うことはない。

これに対して、電車では、専用通路を走り、第6章で述べる閉塞方式によって安全を保証されるため、前方注視は運転操作にとって必要条件ではない。したがって、ブレーキ力、見通し距離、運転速度の制約が重なって、停止位置が見えてからのブレーキ使用では間に合わない場合が多く発生する。

筆者の経験によれば、JR115系のブレーキ開始位置は、平坦線において、時速100kmのとき停止位置の580m手前、時速80kmで380m手前、時速60kmで220m手前となっている。時速120kmからのブレーキは想像以上の距離になるし、雨の日や下り勾配であればこの距離はさらに増大する。

ブレーキの構造上も、鋼鉄のレールと車輪という条件では強力なブレーキを使用すると車輪がロックしてブレーキが効かなくなる（これを滑走という）ので、ブレーキ力を大きくできない。鉄道車両のブレーキ力は自動車にくらべると格段に小さくせざるをえない。

これらの理由から、ブレーキの使用開始位置は目視のみに頼らず、別の方法で決めることが必要になる。また見通しがよくても、高速の車上から５００ｍを超える距離を目測によって判断して停止するのは誤差が大きい。したがってブレーキ開始位置の目安となる具体的な目標を定めるのが普通である。

ブレーキ位置の目標と基準

第3章の「走る」と同じく、ブレーキの目標と基準について、まず運転士の心理から説明しよう。

停車駅に接近すると、運転士はブレーキ目標を思い浮かべる。形式により、速度により、ブレーキ目標はさまざまであるが、自分の経験と先輩から伝承されたデータの集積からブレーキ開始位置の目標が決まっている。さらに乗客数や天候を考慮してブレーキ開始位置やブレーキの大きさを修正するのが運転士の腕といえる。最後の判断はこのカンによっている。

ブレーキ目標は、夜間も見えてわかりやすい線路脇の物が選ばれる。樹木だったり、建物などの構造物だったり、見やすいものなら何でもよい。筆者の経験ではたとえば尾道《おのみち》駅のブレーキ目標として祇園《ぎおん》踏切左側建物の始端があった。時速80㎞ではここからブレーキを使用する。線路内のポイントや信号機は見落とすおそれがないので目標として歓迎される。線路脇に途切れずに続く電柱の番号もよい目標で、運転士の目標とするために大きく見やすく書いている鉄道もある。

まったく目標物がない場合は、目標を設置することがある。地下区間とか、トンネルの出口にある駅などの場合である。目標の様式は停止位置からの距離を示しているのが多いようだ。「400m手前の目標を30m過ぎた箇所からブレーキ開始」というふうに覚える。

形式が同じで進入速度が同じであれば、どの運転士も判で押したように同じ場所からブレーキを使用するのにお気付きであろう。

ブレーキ力の基準

目標に合わせるだけでは意味がない。どれだけのブレーキを使用するのか、これも基準が要る。電車の場合は、平常の停車でも滑走しない限度として設定された最大ブレーキの80%以上を使用するのが普通である。したがって目測が外れたとき、ブレーキ力の追加を行おうにもわずかの余力しか残っていない。このために前項のブレーキ開始のタイミングは非常に重要な要素となる。

各駅で使用するブレーキ力はまず基本が定められる。自動ブレーキなら120kPa（キロパスカル）減圧、直通ブレーキなら300kPa、電気指令なら6ノッチなどである。これは駅の状況などで加減することがある。いくばくかの余裕を持って最高効率を狙《ねら》えば誰《だれ》がやっても大体のパターンは決まってくる。

自動車のブレーキは足によるペダル操作と体感による作用確認で、ブレーキ力は運転席の計器盤には表示されないし、その必要もない。これに対して鉄道の場合は、ブレーキによる減速度が小さいことと、滑走限度いっぱいのブレーキを使用すること、および編成の全車へブレーキが作用した確認のため、運転士へブレーキ力の表示をすることが必須である。

ブレーキの作用は運転台に表示灯と圧力計で表示される。運転士にとっては体感だけでなく、この確認も欠かせない。表示灯は正常にブレーキ指令を発したこと、電気ブレーキが作用したことを示し、圧力計はブレーキシリンダーに入った空気圧力を示す。電気ブレーキの電流値を電流計で表示したり、各動力ユニットごとに表示する形式もある。

表示がなされても、運転士は表示を一瞥《いちべつ》して正常に動作したことを確認するのみで、ブレーキ時に計器をゆっくりと見る余裕はない。

ブレーキの衝動防止

運転士にとっては、ブレーキの使用工夫は衝動防止の一語に尽きる。発車のときのソフトスタートについては第2章で述べたが、ブレーキでも使用開始のとき、ブレーキ力を緩やかに上げることが要求される。

旧い形式ではブレーキ作用までの時間遅れが大きく、運転士がブレーキハンドルを急激に動かしてもブレーキ力がゆっくりと上昇するのが普通であったので、衝動防止についてそれほど気を遣う必要はなかった。新しい形式になるほどブレーキ作用の遅れが少なくなり、最近では感覚的に遅れを感じないほどスピーディに応答するブレーキ機構が増えてきた。この場合、運転士が急激なハンドル扱いを行うと、そのまま衝動として現れる。

乗り心地の改善のためには緩やかな扱いを指導するべきであるが、現実にはなかなか難しいようだ。ひとつ間違えれば停止位置を行きすぎるという、緊迫した操作を行う運転士にそこまで要求するのも無理であろう。そうかといって、今さらブレーキの応答速度を遅らせても運転士を困らせるだけだ。

以上の理由で、ほとんどの鉄道がブレーキ力を一気に立ち上げる方式を行っている。衝動も発生するが、乗客にも電車はこんなものだとの諦《あきら》めが定着しているように思える。なにかいい知恵がないだろうか。

ブレーキの効きは?

ブレーキを開始したあとは効きの観察に移る。使用後の速度低下の様子からこのままで停まれるか、行きすぎの可能性があるか、それとも効きがよすぎて手加減が必要か、の判断をすることになる。

高速度からのブレーキになると、ブレーキ開始以後の速度低下の確認がより重要になる。そのため、運転士は、ブレーキの途中で複数のチェック箇所を持っているのが普通である。「この目標で時速70㎞に落ちた、効きは順調」と、予定の速度に落ちるとひとまずホッとする。筆者の経験では、前方の様子が見えないまま、停止位置の600m手前で時速100㎞からブレーキを使用し、2箇所の速度チェック箇所を経て、100m手前でやっとホームが見え、そこから目測に移るという実例があった。瀬戸大橋線の上《かみ》の町《ちよう》駅である。

都市圏の長編成の通勤区間では、ホームに差しかかってからのブレーキ開始となる例が多い。この場合、速度低下の確認は目測によることが多いようだ。

予想通り速度が落ちなければただちにブレーキ力の追加を行うが、前述のように追加効果は少なく、ブレーキ開始は運転士にとって背水の陣となる。効きがよくないときは衝動防止などを犠牲にせざるをえない。

それでもブレーキ力が不足して停止位置を行きすぎる場合は発生するが、このときは運転士は相当前から行きすぎを判断することができる。なにをぼんやりしているのか、というふうにも見えるが、運転士には行きすぎることがわかっており、最大ブレーキを使用したあとは打つ手がなく次の対策を考えているのだ。停止の間際になって慌てているのではない。

もっともギリギリ間に合うか、という境界の事態もある。この場合、運転士は少しでもブレーキが効くようにと、停まるまで手に汗を握ることになる。

逆に効きがよすぎて速度低下が大きいときは少し緩めて調整するが、すでに速度が予定より落ちており、以降は停止位置までゆっくりと減速するブレーキとなって運転時間が増大する。安全ではあるものの、乗客にもキビキビとした印象を与えることができない。

ブレーキ力調整と再ブレーキ

鉄道では停止位置の正確な合致も厳しく要求される。ホームに並んでいる乗客の前にピタリと止めねばならない。停止位置が大きくずれれば、並んでいた乗客の列がくずれてしまい、乗降時間の遅延につながるし、乗客の苦情も出る。

停止位置が近付くと、位置を合わせるためのブレーキ調整に移る。寸前まで調整が不要でピタリと合えば理想のブレーキであり、運転時間が最小となって経済的といえるが、裏返せばひとつ間違えると停止位置を過ぎる可能性を秘めている。

高速で進入する駅では停止位置の少し手前（筆者の理想は1両分の20m手前）に停車するようにブレーキを使用し、停止直前でブレーキ力を少しずつ緩め、本来の停車位置に合致するように持って行くのが理想的なパターンである。少し手前に停車する分は余裕となり、効きが悪いときは衝動を犠牲にすることで行きすぎ防止として役立つ。

この調整判断は経験によって培われるので、まさに職人芸といえる。一見同じように停車しても、豊かな経験に基づいた余裕を持ったブレーキなのか、必死の思いで調整を繰り返して合致させたのか、観察していると興味深い。

現実には許されないことだが、ごくわずかの行きすぎは停止位置を狙った的確なブレーキであるとして運転士の意識では減点ではない。速度が落ちてソロソロと進入するブレーキよりはるかに評価が高い。

運転士仲間で最も評価が低いのが、いったんブレーキを弱めたあとにまた追加を行う「再ブレーキ」である。これを2回以上繰り返すと「舟漕《ふなこ》ぎブレーキ」と呼ぶ。体験するとたしかにギクシャクとして満員の乗客は振り回される。当然ながら運転士への登用試験のとき大きな減点を課せられる操作となっている。テレビゲームの電車運転が出回っているが、この減点要素を取り入れたものをまだ見かけていない。

ただし、再ブレーキは計画的に行うことがある。ブレーキは高速度から使用するほど誤差が大きくなる。安全第一でいけば効率低下となる。それに対応して現場で生まれた知恵である。

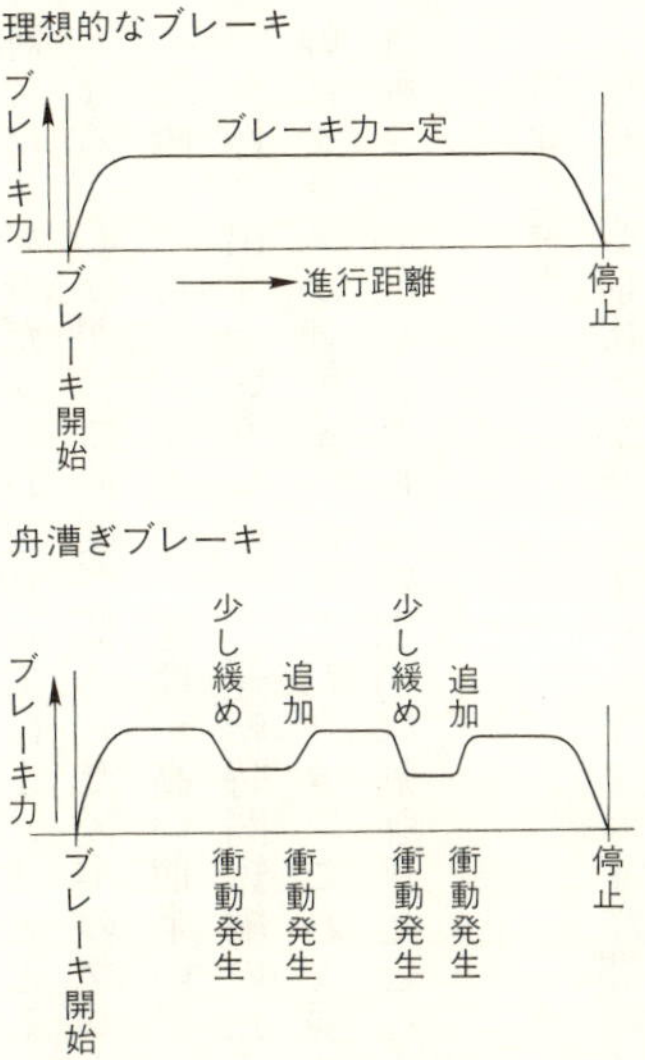

舟漕ぎブレーキと理想的なブレーキ

たとえば時速１００kmからブレーキを使用するとき、余裕を持って早めのブレーキを使用し、時速70kmの中間目標へ予定通り落ちる目測がつくと少し緩める。その後、中間目標で追加のブレーキを行って所定のブレーキ力とし、以下は基本パターンで減速していく。

目的は言うまでもなく運転時間の短縮である。時速10kmの速度差は時速80

㎞では1／8だが、時速40㎞では1／4となる。時速80㎞で5秒の無駄は、時速40㎞では10秒となる。したがって速度が低下した後半のブレーキ扱いが運転時間を左右することになる。

計画的な再ブレーキは、速度が高い前半のブレーキ扱いの無駄を許容して後半の最適パターンを作り出すというもので、運転時間短縮のための最善の方法として生まれている。管理者や幹部クラスが運転室へ添乗したとき、これを見て基本扱いを行うよう助言を受けた者は多い。運転士の心理をわからない上司は勉強不足といえる。

停止の直前

最後に直前緩めが待っている。ブレーキ開始のときと同じく衝動を避けてソフトに停車するテクニックである。

ブレーキを使用したまま停車すると、減速度が一気に0となるためガクンと衝動が発生し、乗客に不快感を与える。状況によっては不快感では済まず乗客が転倒することがある。

理想論としては、停止直前にブレーキを順次緩めて減速度を低下させ、停止と同時にブレーキ力が0となれば衝動を0とすることができる。旧い形式では停止直前に緩めてしまい、動作遅れによって緩みきる直前の状態でフワリと停車する方法があった。

ブレーキ作用の応答が速いとこの裏ワザが使えず、最小のブレーキを使用したまま停車することになって、わずかな衝動が避けられなくなった。この対策として、JR205系のようにブレーキ力といえないほどの弱いブレーキ力のノッチを設けた形式も出現している。もっとも運転士が有効に使用しなければ意味がない。

この直前緩めの技量は乗客の体感でも評価できる。目をつむって停車直前の衝動を比較してみると相違点がよくわかる。運転士が交代したとたんに変わったという体験をされた方も多いと思う。

行きすぎそうになったときは背に腹は替えられず、最大ブレーキを使用したまま直前緩めなしで停車することになる。踏ん張っていた乗客が進行方向の反対へガックンとつんのめるような衝動が発生する。

停車後はただちに転動（勾配などのため無動力で動くこと）しないようブレーキを使用する。このブレーキを緩めるのは発車のときであり、ブレーキ作用の俊敏な電車では常識となった。ブレーキ緩めに時間のかかる機関車列車が、事前に客貨車のブレーキを緩めて発車合図を待つのと対照的である。

停止目標

駅における停止位置は、編成により、列車種別により異なることが多い。各駅の位置を熟知しておいて初めて正確に合致することができる。その場になって自分の停止位置はどこかと探しながらいけるものではない。

列車別に両数別にずらりと並んだ停止目標　前灯の光が届く下方に基本のものを、運転士の目の高さに補助のものを同一柱に設置している。岡山駅3番線の例で、特とは特急（やくも・いなば）を意味する

停止目標は線路の脇にあるものと線路内に設置したものと両方の方式がある。屋根から吊《つ》り下《さ》げたものもある。いずれも見やすく編成両数の数字を書いているのでホームからも観察することができる。特急や回送など列車種別を記したり、ＡＢＣなどの記号を用いるものもある。

線区によっては編成の長短差が大きいため停止位置も大幅に異なり、ブレーキ開始位置をずらす必要を生じることがある。たとえば、倉敷と伯耆《ほうき》大山《だいせん》をつなぐ伯備《はくび》線の特急「やくも」は3両編成から多客期の9両編成まであるので、倉敷駅ではブレーキ位置の目標も１００ｍ近くずれている。

停止位置の誤差はどれくらいまで許されるであろうか。ホームに並んでいる乗客としては１ｍが限度であろう。次の電車の乗客の列が隣に並んでいれば、これでも混乱が起きそうだ。

ＪＲの運転士登用試験では誤差が±１ｍを超えると減点され、ふだんの乗務でもこの範囲に収めるものとされている。乗客の多い線区ではもっと厳しい基準を定めている例がある。

どの程度を限度と考えるかは、運転士個々の意識の問題であり、10㎝以下にと努力を重ねている者もいる。

停止位置を行きすぎたら

不運にも停止位置を行きすぎた場合は後退するべきであるが、後退するには多くの障害がある。

まず進行方向である後方の見通しが問題になる。車掌が確認できるとしても目に見えない禁止事項が控えている。ホームの途中に信号機やポイントがある駅は多く存在する。これらは列車が通過したものとして次の動作に入っているので、逆向きに進入するのは保安上から許されない。車両にもATC（自動列車制御装置）やATS（自動列車停止装置）をはじめとする後退禁止のロック機能があることが多く、運転士の意思だけでは後退できないのが普通である。

行きすぎたとき、すぐ後退すれば何の問題も起きないのになぜ時間がかかるのか、と思う乗客が多いであろうが、運転士はこのような条件に縛られている。

応荷重装置

このように、ブレーキ力の見極めが運転士の技能であるが、乗客の多少によってもブレーキ効果が大きく変動して難しい。このために車両重量の変動に応じてブレーキ力を調整する応荷重装置の装備が進められ、大都市圏の電車区間では装備が常識となっている。

本来の目的は、運転士のブレーキ操作の負担軽減そのものより全列車のブレーキ性能を揃えることで、運転時間の短縮と列車回数の増加を可能にすることにある。また空車の場合にブレーキ力が過大となって滑走を誘発することを防止する目的もある。

荷重の検知方法としては、車体を支えるバネのたわみを機械的に測定する方式が多く、空気バネならば内部の空気圧でより正確に把握できる。車両によって混雑の状況が異なるので、この機構は各車ごとに独立して動作する。荷重のデータを受けてブレーキ力を加減する装置はブレーキ機構に組み込まれている。台車ごとに分割して1車に2基を装備したものもある。

自動的に荷重に合ったブレーキ力が設定されるのは有り難いが、こういう中継設備を設けるとブレーキ指令の伝達精度は落ちてゆく。すなわち運転士からのデリケートな指令が伝わりにくくなる。長所にかくれて目立たない短所である。

応荷重システムは、ブレーキのみでなく発車後の加速にも応用できる。荷重に応じてモーターの電流値を加減すれば、常に同じ加速をさせることが可能になる。ただし、モーターの許容限度を超えて増加するのは無理であるから、完全に比例させることは難しい。

鉄道会社や線区によって加速に応用する利点の評価に差があり、全面的な採用には至っていない。

コラム　旧型貨車のブレーキ

ブレーキの効きを観察する話になると、私は国鉄時代の旧型貨物列車のブレーキを思い出す。停車駅ではブレーキにより手前で速度を落とし、時速35km以下で進入するよう定められていた。したがって停止ブレーキは時速30kmからの使用になる。

停止位置の約300m手前で小さいブレーキを使用する。制輪子《せいりんし》（車輪踏面を押さえるブレーキシュー）が車輪に接触する程度の大きさである。あとは窓から身を乗り出して目の下を流れるバラストの速度を観察する。このブレーキの効きで停止位置に停まれるか、追加を行うとすればどこでどの程度を行うか、すべてが目による減速感と振動の体感にかかっている。

停まればただちに係員が貨車の間に入って連結を解放する作業を始めるから、停止後の移動は現実にできない。旧型貨車では少しブレーキを弱めようという操作は機構上できないから、追加ブレーキを行うタイミングを全身を神経にして判断することになる。全身で、とは車体の振動による速度とブレーキの効きを感じることを意味する。

追加ブレーキのカンが当たって停止位置にピッタリ停まったときは、自分の腕で仕事をしていると実感が湧いてくる。そうでなくても、貨車の場合は±10mに収まれば上出来といえる（一三一ページのコラムも参照）。

2　滑走と粘着係数

滑走

このように、ブレーキ操作は運転士にとって最も神経を使う操作のひとつであるが、さらに操作を困難にしているものがある。それが滑走である。

第2章の空転の項で述べたように、力行・ブレーキともレールと車輪の摩擦力に大きく左右される。力行のときモーターによる回転力が摩擦力よりも大きくなれば車輪は空転するし、ブレーキのときブレーキ力が摩擦力より大きければ車輪は滑走する。空転をスリップ（slip）、滑走をスキッド（skid）と呼ぶ。滑走は、ブレーキ力が粘着力より大きくなって、車輪がブレーキ力によりロックされ、回転せずにレールの上を滑る現象である。滑走のすべり摩擦は回転の転がり摩擦より小さいため、いったん発生した滑走が自然に復旧することは望めない。

「摩擦力／車輪にかかる重量」を摩擦係数と呼び、鉄道車両では粘着係数または粘着力という言葉を使用する。粘着とはadhesionの訳である。

空転や滑走は粘着係数が低下することで起こる。摩擦力を減少させないためには、粘着力を減少させないことが求められる。

粘着力は乾燥状態では安定しているが、天候やレールの状況によって不安定になる。なかでも雨や雪・霜などの湿気は鉄道にとって大敵である。霧もレールを湿らすので同様である。レール上のホコリが水分によって泥状態になり、レールと車輪の間で潤滑材として作用するためである。雨が続けばレール表面が洗われて粘着力はかなり復活する。もっとも車輪側の洗浄効果は望めない。

トンネルの中もいつも湿潤なので滑走しやすい。意外な悪条件として雨天時の踏切がある。自動車や歩行者がレールに付ける汚れによってレール表面が泥濘《でいねい》状態になり、粘着力を著しく低下させて滑走を助長することが観察されている。

またレール表面の条件は先頭部への影響が大きく、後続の車輪は先頭の通ったレールを踏むので不利な条件は緩和される。

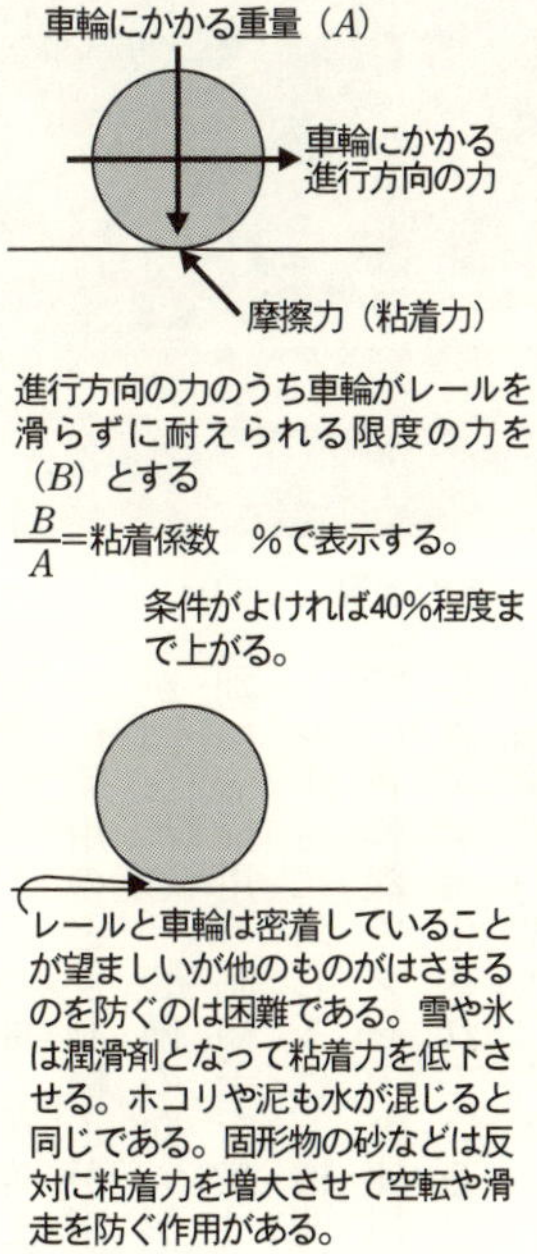
車輪にかかる重量（A）
車輪にかかる
進行方向の力
摩擦力（粘着力）
進行方向の力のうち車輪がレールを
滑らずに耐えられる限度の力を
（B）とする
B/A＝粘着係数　％で表示する。
条件がよければ40％程度まで上がる。
レールと車輪は密着していることが望ましいが他のものがはさまるのを防ぐのは困難である。雪や氷は潤滑剤となって粘着力を低下させる。ホコリや泥も水が混じると同じである。固形物の砂などは反対に粘着力を増大させて空転や滑走を防ぐ作用がある。

滑走の原理

粘着力を高める工夫がさまざま行われている。それらのうち、消極的な方法としては、滑走防止のため先頭部分の車輪のブレーキ力を弱める方法があり、新幹線で採用している。

積極的な方法としては、車

機関車の砂まきの状況（C59）

輪踏面とレール面の乾燥と清掃がある。制輪子があれば、ブレーキ使用のとき制輪子が車輪踏面を磨くことになり乾燥と清掃が図られる。装備のない形式では特急電車の381系のように別に清掃用の制輪子を設けたものもある。

レールに対しては、機関車は砂まき機構を備えている。電車では新幹線でブレーキ使用時にセラミックス粒子を吹き付ける装置が実用化されている。粒子がレールと車輪の間に嚙《か》みこめば摩擦力の増大は大きい。実用化されていないが、先頭軸の前で熱風をレールに吹き付けたり、バーナーを設けてレールに炎を吹き付けるテストも行われている。

車軸にかかる重量は均一ではなく、加速やブレーキ時には1両のうちでも変動が激しい。このとき軸重《じくじゅう》に応じてブレーキ力を調整すれば、滑走直前の極限までブレーキ力を設定することができる。

粘着係数は、電車では15%程度が常用限度とされている。積極的に増大させる装備を用いれば向上が可能であるが、そこまでの投資をするかどうかは経営上の判断であろう。

滑走はブレーキの問題のみではない。滑走によって車輪踏面が削り取られて傷が発生し、以後の運転ではレールと接触するたびに衝動と騒音を発生する。車輪とレールを傷めるほか、乗り心地を悪化させる。タタタタという音を聴いたことはないだろうか。

滑走検知と再粘着

滑走検知と再粘着の機構は、自動車のABS（アンチロックブレーキングシステム）と同じく、滑走した車輪を検知してブレーキを緩めて滑走を止め、滑走がやんだあとに再びブレーキを作用させる機構である。この機構を滑走検知および再粘着の機構と呼び、歴史的には自動車よりははるかに先輩である。電車への本格的な採用は東海道新幹線が最初であった。

検知方法は、各車軸に速度検知用の発電機を取り付け、滑走すると発生電圧が0になることで判断するのが主流である。さらに検知を俊敏にするために、車軸の付属物（歯車など）のパルスを比較する方式もある。

滑走するとその軸のブレーキ力は0に近くなる。だが、運転士が滑走を実感できるかというと、1軸では少しブレーキの効きが悪いなと思う程度である。感覚では編成の固有差の範囲に収まるので判別できないことが多い。長編成ではなおさらである。

再粘着させる方法はブレーキを緩める以外にない。再粘着までの時間を短縮するために検知後は速やかに緩める必要がある。また、ブレーキ力を0まで緩めず、半減とか、1／4まで緩めるとか、線区や車両の実態に応じて設定されている。

緩めるのは滑走軸のみとするのが理想だが、これも経費との兼ね合いで台車単位とするものが多い。ブレーキ中にブレーキ力を減少させるのであるから、安全の面でも1軸にとどめるのが望ましい。

滑走がやんだことを検知してからブレーキ復活まで、1〜2秒の空白時間を置く。車輪が完全に回転を再開することへのダメ押しである。

車輪とレールの接触面積

車輪もレールも剛体のため理論上の接触面積は0である。だが金属の柔軟性のために実際には面接触となる。走行抵抗の減少のためには接触面積は少ないほうが望ましく、双方の材質にとっては接触面積が大きいほうが単位面積あたりの重量が減少して負担が軽くなる。レールも車輪踏面も相手に合わせて磨耗するので、磨耗に伴って接触面積は増大する。

車輪直径が大きいほど接触面積が増えるので、空転や滑走に対して有利となる。機関車では動輪直径を少しでも大きくという努力を観察することができる。EF66では動輪の直径は1250㎜と、115系電車の860㎜にくらべて145％と大きい。トラックを載せるための低床貨車が試作されたとき、車輪直径は300㎜となった。接触面積の減少による車輪とレールの材質強度が問題とされたが、測定の結果実用に支障なしとされている。

3　ブレーキの三重システム

重量が大きく、たくさんの乗客を乗せる鉄道では、ブレーキの故障は大きな事故につながりかねない。そのため、鉄道車両は貫通ブレーキ（後述）の装備を全車両に義務づけている。また、操作の容易性などから他のブレーキを装備するものが多くある。最近の新製電車では、貫通ブレーキ・常用ブレーキ・予備ブレーキの3種のブレーキシステム装備が普通となっていて、2種が同時にダウンしても列車を停めることが可能である。この点は航空機なみといえる。

ただし、最終段の車輪を制動する機械部分は共用しているが、独立した機械部分が同時に複数箇所で故障する確率はきわめて低いとの観点に立っている。

それではブレーキの仕組みについて解説したい。まず実際にブレーキ力を発生している機構的な分類から。

ブレーキの機構的な分類

ブレーキは、摩擦力を利用する機械式ブレーキと、摩擦力によらず動力装置を逆に利用するダイナミックブレーキに分類される。

機械式ブレーキでは、いずれも圧力空気をブレーキシリンダーへ供給してブレーキシューを車輪踏面やブレーキディスクと摺動《しゅうどう》させその摩擦力を利用する。問題点は運動エネルギーを熱として放散させることで、ブレーキシューは相当の高温となる。極端に高温になると、ブレーキシューが破損するおそれがあるので、温度上昇を防ぐために下り勾配での連続使用を制限する場合もある。

摩擦力は速度によって変化する欠点があり、高速になるほど摩擦力が低下する。滑走を防止するために低速で適切に動作するよう設定すると、高速ではブレーキ力が不足する。ブレーキシューの材質の改良が続けられているが、問題解決には至っていない。

また摩擦による発熱も問題で、多くのブレーキシューは温度上昇によって摩擦力が低下する。すなわちブレーキを連続使用するとブレーキ力が弱くなる。

これらの欠点のため、機械式ブレーキは、ブレーキ力と操作性の面ではダイナミックブレーキに一歩譲っている。ただし、機械構造であるため電気回路によるダイナミックブレーキより信頼性では勝り、後述する貫通ブレーキにはいずれも機械式ブレーキが採用されている。

機械式ブレーキの基礎部分

基礎部分とは摩擦によって実際にブレーキ力を発生させる機械部分をいう。具体的にはブレーキシリンダーからブレーキシューまでの部分である。基礎部分のうち車輪側の構造には踏面方式とディスク方式の2種がある。

踏面ブレーキ

踏面方式は、車輪そのものをブレーキドラムとして用いる。鉄道車両は重量が大きく単純部品でも無視できない重量となるため、新たにブレーキドラムを設けることを省略したものである。車輪は鋼鉄製で強度も充分あり、発熱に対しても許容が大きく、ドラムとして申し分ない。この車輪踏面に用いるブレーキシューを制輪子と呼ぶ。

こうして車輪の踏面を制輪子で押さえる方式が、鉄道車両ブレーキの基本となっている。制輪子の材質は鋳鉄製の時代が長かったが、種々の材料を用いた合成制輪子が現在の主流となっている。溶鉱炉から発生するスラグも好材料とされている。

制輪子とブレーキシリンダー
車輪踏面に接触しているのが制輪子。上部に40の標記のあるのがシリンダー

摩擦力によるブレーキのエネルギーは熱として放散される。鋳鉄製は熱放散が優れて車輪を傷めないとされていたが、磨耗量が大きいことと速度による摩擦力の変動が大きい欠点があった。制輪子が磨耗すると隙間調整が必要になるので磨耗量は努めて小さくしたい。また磨耗が大きいと取り替え回数が増えることになる。鋳鉄制輪子の長所

としては、踏面がザラザラの梨地《なしじ》になる特性があり、摩擦力の保持で有利である。

いっぽう、合成制輪子は、摩擦力の変動が少なく、磨耗量が減少した代わりに、熱放散が少ないため車輪への熱影響が大きくなった。また踏面が鏡のように平滑になる特性があった。これは空転と滑走の防止にとってマイナスである。特に制輪子との間に雪を噛みこむとブレーキ力が激減する。

ディスクブレーキ

ディスク方式は、ブレーキ専用のディスクを設け、ライニングで押さえる方式である。自動車と同じように材質を選べるので、踏面と制輪子による欠点が一掃されたかに見えた。ディスクは車軸中央部に2基装備が普通であるが、新幹線のように車輪に装備するものがあり、相模《さがみ》鉄道のように軸受の外側に装備して点検と冷却の便を図った鉄道もあった。

だが車両の軽量化が追求されるとディスクの重量が問題となった。問題というのはディスクを車軸に装備するため、バネの緩衝を受けないバネ下重量が増加することである。電車は台車にバネを設置し、そのバネの上に車体やモーターなどを乗せることで、レールからの衝撃を直接受けない構造となっているが、車軸に装備したブレーキディスクはレールからの衝撃をまともに受けることになるので、車両にもレールにもマイナス条件となる。このためディスクを減らして踏面方式と併用する形式が目立っている。

ブレーキシリンダーは空気圧を受けてブレーキ力を発生するが、1両に1基から始まり、台車ごと、1軸ごと、各車輪ごとに、と増えてきた。小型のほうが保守点検に便利で数量が増えてもマイナスは少ないのだという。またロッド類の破損や点検を減らすことができる。

ブレーキシリンダー1基の車両が1両で走ったとき、ロッドの折損によってブレーキ不能となった事故例があるから、安全の問題からもブレーキシリンダーの数が多いのは望ましい。

電気ブレーキ

ダイナミックブレーキは、自動車にたとえればエンジンブレーキのようなものである。電気車両においては走行動力であるモーターを発電機として使用し、発電機を回す力をブレーキ力とする。発電した電力を熱として放散する発電ブレーキと、架線に送り返す回生ブレーキとがあり、総称して電気ブレーキと呼ぶ。

回生方式は機器が大がかりになり、制御が困難なために敬遠されていたが、半導体技術の向上によって最近は積極的に採用されている。熱放散を防ぎ省エネルギーとなるので今後の主体

ブレーキディスクを外側に装備した例　冷却と点検のためには好ましいが、重量を考えるとプラスばかりではない。ディスクは輪軸の重量を増やすので、どの鉄道も軽量化に知恵をしぼっている

となるであろう。

電気ブレーキは、ブレーキ力が安定していることが機械式ブレーキより優れている。モーターに流れる電流値がブレーキ力であるから、制御器が指示された電流値を保つかぎりブレーキ力が変動することはない。速度や温度の影響を受けることもない。これは運転士にとって非常に心強い特性である。

電気ブレーキはモーターが発電機となって作用するので、速度が0のとき発電力が0となる。このため単独では停車用としては使用できなかった。これに対してVVVF制御では、発電機というよりも逆向きの回転力を生じるモーターとして使えるので、速度0でもブレーキ作用が可能となった。勾配に停止しても勾配を上る方向に力行することで、停止状態を保つことができる。

電気ブレーキは動力装置のある車両しか装備できない。動力装置のない車両は機械式ブレーキに頼ることになる。この特性の異なる2方式のバランスをとるのは難しく、後述の電気・空気の調整で説明するように衝動の原因になっていた。だが、最近は半導体制御によって機械式の動作に合わせた敏速できめ細かい制御が可能となり、衝動は大幅に減少している。

ブレーキ制御方法による分類

次に運転士が出したブレーキ指令をどのように全車両に伝えるか、制御方法によって分類してみよう。

鉄道車両のブレーキは、連結運転を前提とするために編成全車のブレーキを操作できること、そのためにフェールセーフであること、の2点が基本的な考え方となる。

運転士が編成全車のブレーキを操作できることは当然のことである。フェールセーフとはトラブルが生じたときは安全サイドの動作をするという意味で、ここではブレーキが作用する、あるいは緩まないという動作のことをいう。反対の言葉はフェールアウトで、ブレーキでいえば、故障などのとき作用しない、あるいは緩んでしまうという動作のことになる。

制御方式には、大きく分けて貫通ブレーキ、常用ブレーキ、予備ブレーキの3種類がある。

(1) 貫通ブレーキ

連結運転する列車には貫通ブレーキの装備が義務付けられている。

貫通ブレーキの条件は次のとおりである。

①運転士が編成の全車両にブレーキを使用できること。

②列車が分離したときは、分離した両側の車両にブレーキが作用すること。

この条件を満たすためには全車両を貫通する制御システムが必要となる。貫通ブレーキという名称もこれによっている。
貫通ブレーキには空気系と電気系の2種類がある。

（a）空気系（自動ブレーキ）

空気系貫通ブレーキは、全車両に空気管を貫通させて、あらかじめ定まった圧力空気（標準は490kPa）を込めておき、排気して減圧することをブレーキ指令とする。この機構はトラブルのときには自動的にブレーキが作用することから「自動ブレーキ」と呼び、このための空気管を「ブレーキ管」と呼ぶ。

後に述べるように機構上の相違によって二圧式と三圧式がある。

運転士のブレーキ操作による減圧をブレーキ指令とするので、減圧量に応じたブレーキ力が得られる。連結が切れて分離した場合には、分離部のブレーキ管が破損することで、分離した前側・後側ともブレーキ管の圧力空気が排出され、減圧が行われてブレーキが作用する。

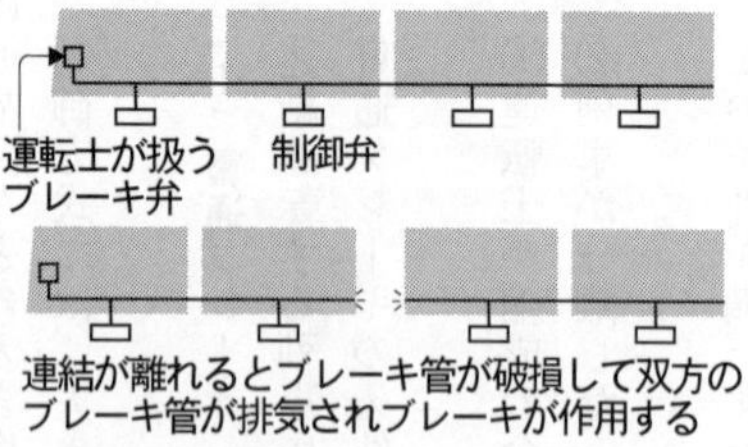
運転士が扱う
ブレーキ弁
制御弁
連結が離れるとブレーキ管が破損して双方の
ブレーキ管が排気されブレーキが作用する
自動ブレーキの模式図

長編成では後部への圧力伝達に要する時間が長いため、運転士のブレーキ操作から編成全車のブレーキ作用までの「空走時間」が大きくなる。使用中のブレーキ力の追加や弱めの調整も同じである。長編成の貨物列車では空走時間が5秒を超えることがある。

ブレーキを緩めるときは、ブレーキ管に圧力空気を込める増圧が緩め指令となる。これも増圧量により調整が可能であり、空走時間が長くなるのも同じである。

空気圧の変化によるブレーキ指令であるからアナログ指令であり、ブレーキ力のきめ細かい調整が可能である。

またこのような構造のため、そのまま通常運転のブレーキに用いることが可能で、客車・貨車では現在も常用のブレーキとして使用されている。

二圧式と三圧式

自動ブレーキには二圧式と三圧式がある。

二圧式は次ページの図に示すように「ブレーキ管・補助ダメ」の二つの圧力によって作動するシステムである。ダメとは空気タンクのことで「溜」と書くのが正しいが、鉄道現場の用語に従って「ダメ」と記す。

制御弁は常に「補助ダメ圧力＝ブレーキ管圧力」となるように補助ダメの給気・排気を行う。

図の①はブレーキ緩みの状態であり、ブレーキ管には運転台から圧力空気が込められている。制御弁はその空気を補助ダメに導いて補助ダメ圧力も同じ圧力となっている。このときブレーキシリンダーは排気されて圧力0である。

図の②はブレーキ使用の状態で、運転士がブレーキ管の圧力を抜いて減圧することがブレーキ指令である。制御弁は補助ダメが同じ圧力となるよう補助ダメの圧力空気を排出する。この排気がブレーキシリンダーに給気されてブレーキ力となる。

このとき、上昇するブレーキシリンダー圧力が下降する補助ダメ圧力と同圧になると、それ以上の給気は行われずこれが最大ブレーキ力となる。これ以上は減圧しても無駄である。

緩めるときは、図の①に戻ってブレーキ管の増圧に伴ってブレーキシリンダーを排気して圧力0とし、ブレーキ管の圧力空気を補助ダメに送り込んで同圧とし、次のブレーキに備える。

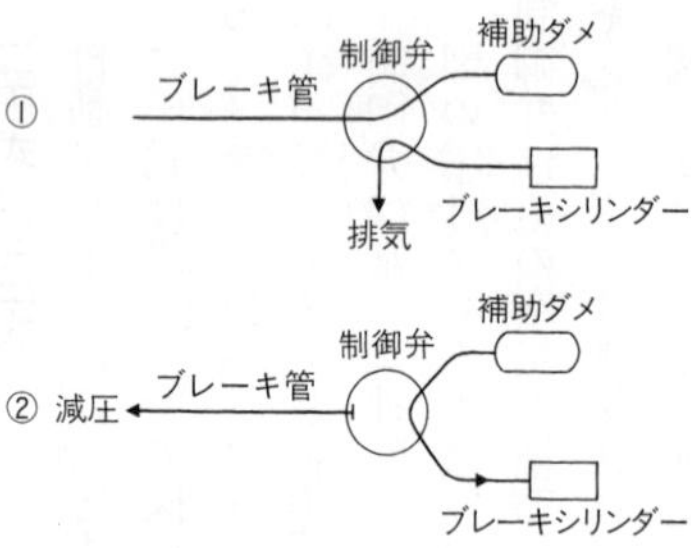

二圧式の模式図

ブレーキ使用のときも緩めるときも、ブレーキシリンダー圧力（ブレーキ力）は減圧量に比例するので自由に加減できる。

欠点として、1回使用すると再び補助ダメに込めるまで時間がかかり、ただちに次のブレーキを使用できないことがある。やむを得ずにすぐ使用すると、ブレーキ力の不足を覚悟しなければならない。

二圧式は103系・115系・485系までの電車と、旧系列の客車・貨車・気動車に使用されている。

三圧式は図に示すように、「ブレーキ管・定圧ダメ・ブレーキシリンダー」の3つの圧力の対比によって作動する。

制御弁は常に「ブレーキ管圧力＋ブレーキシリンダー圧力＝定圧ダメ圧力」となるようにブレーキシリンダーの給気・排気を行う。

図の①は緩んでいる状態で、制御弁はブレーキ管の圧力空気を定圧ダメに導いて同じ圧力としている。ブレーキシリンダーは排気されて圧力0である。これとは別に空気源となる元ダメがある。元ダメは圧縮機から供給されるので無限に使用できる。

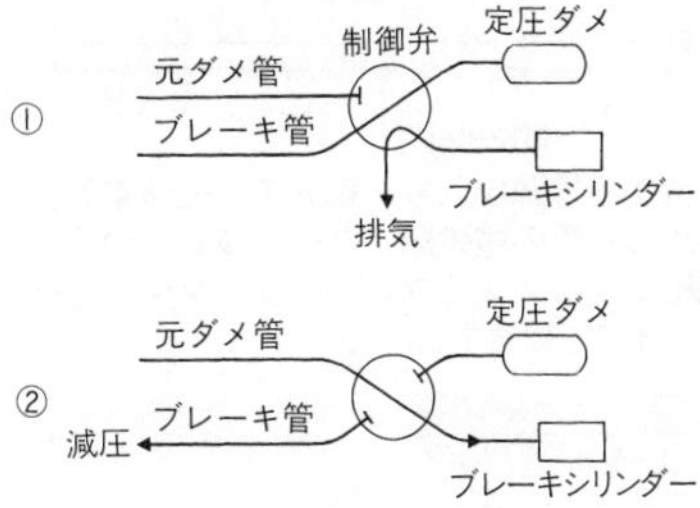

三圧式の模式図

図の②はブレーキ使用の状態で、運転士がブレーキ管を減圧すると制御弁は定圧ダメとの圧力差を受けて、前記の式が成り立つよう元ダメからブレーキシリンダーへ供給する。このブレーキシリンダー圧力がブレーキ力となる。

このままではブレーキ管圧力が0になるまでブレーキシリンダーへの供給が続くので、二圧式と揃うようにブレーキシリンダー圧力の上限ストッパーを設けている。これ以上は減圧を行っても無意味である。

緩めるときは、図の①に戻ってブレーキ管の増圧に伴ってブレーキシリンダーを排気して圧力0とする。定圧ダメへの補給

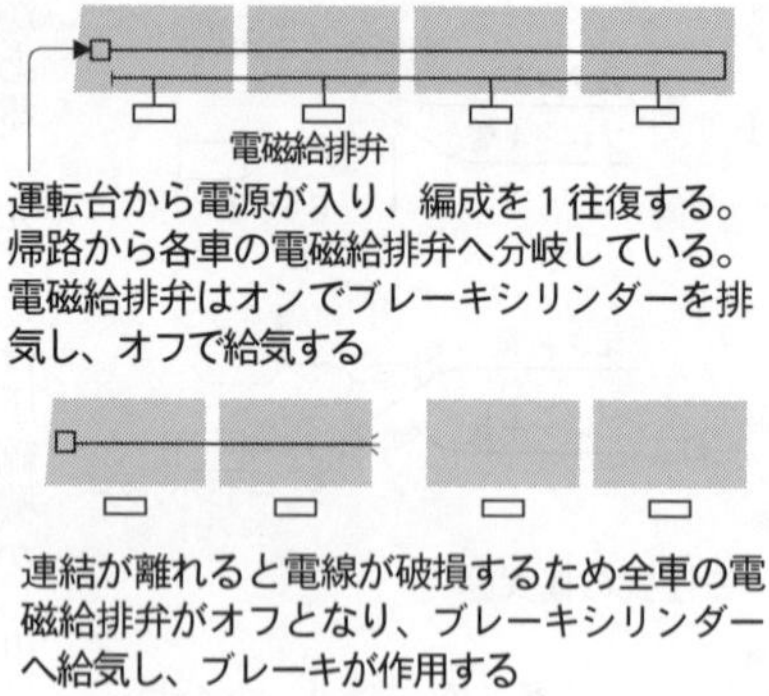
電磁給排弁
運転台から電源が入り、編成を１往復する。帰路から各車の電磁給排弁へ分岐している。電磁給排弁はオンでブレーキシリンダーを排気し、オフで給気する
連結が離れると電線が破損するため全車の電磁給排弁がオフとなり、ブレーキシリンダーへ給気し、ブレーキが作用する

電気指令式（貫通）ブレーキの模式図

は不要なので次のブレーキがただちに使用できる。ブレーキ使用のときも緩めるときも、ブレーキシリンダー圧力（ブレーキ力）は減圧量に比例するので自由に加減できる。

二圧式の短所を解消したので、長所としてはブレーキ扱いがはるかに確実で安全となった点が挙げられる。

三圧式は１１７系・３８１系以降の電車と、12系・24系以降の客車、新系列の貨車、キハ40・47系以降の気動車に使用されている。

（b）電気系（電気指令式ブレーキ〔貫通〕）

電気系貫通ブレーキは、電気回路を貫通させて運転室から加圧しておき、回路をオフすることをブレーキ指令とする。全車両の貫通を電気回路のみで構成するので電気指令式ブレーキと呼ぶ。別の電気指令式もあるので、ここでは説明上「電気指令式ブレーキ（貫通）」と名づける。

運転士のブレーキ操作によるオフのほか、連結が切れて分離したときにも、回路が切断されることでオフとなり、ブレーキが作用する。回路は往復しているので、分離した後ろ側車両だ

けでなく前側車両もオフとなってブレーキが作用する。

構造上から、「ブレーキが作用する」、「緩む」、の2作用のみで、ブレーキ力の調整ができない。したがって常用ブレーキとして使用するのは無理であり、通常運転用として他の方式も装備することになる。

JRの電車では、205系以降の形式に使用されている。

以上の条件によって、貫通ブレーキは運転士以外の所からもブレーキを使用することが可能となる。空気系の自動ブレーキは圧力空気を抜くための吐出弁《はきだしべん》を設ければよく、電気系の電気指令式ブレーキ（貫通）は回路をオフするためのスイッチを設ければよい。どちらも簡単な設備なので、運転室のほか車掌が乗務する箇所にすべて設けられている。ただし客室へ装備した例はまだ聞いていない。

(2) 常用ブレーキ

営業列車では衝動のない安全なブレーキを使用したい。このためにはデリケートですばやい作用が必要とされるが、安全性を第一とした貫通ブレーキでは要求に応じられないことがある。

この目的のために、速応性を重視したブレーキを別に常用として設けることがある。以下に述べる(b)(c)が多く使われる。機構上から貫通条件を持たないので、前記の貫通ブレー

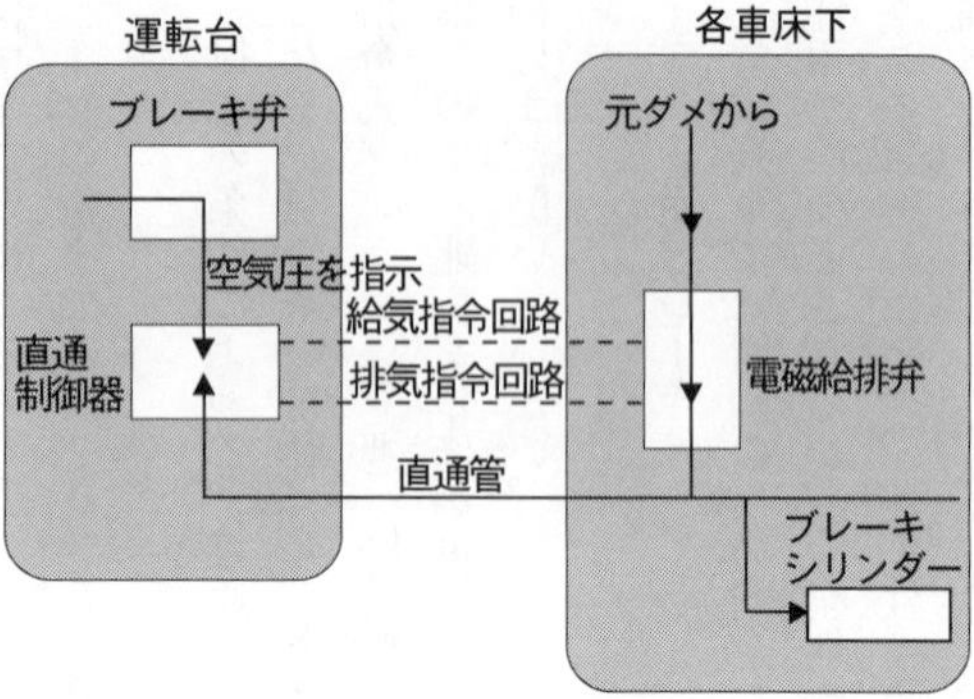

電磁直通ブレーキの模式図　運転士がブレーキ弁を扱って空気圧を指示すると、直通制御器が電気回路により編成の全車両に給気指令を出す。直通管が指令圧力まで上がると直通制御器は給気指令を止める。以後、直通制御器は直通管圧力が指令圧力に等しくなるよう、給気と排気の指示を編成全車へ送る。各車では直通管圧力に応じた圧力がブレーキシリンダーに給気される。直通管は直通制御器へ直通管圧力をフィードバックするためのもので、車両間の空気給排が目的ではない

キを併設する必要がある。

(a) 自動ブレーキ

貫通ブレーキである自動ブレーキをそのまま常用ブレーキとして使用する。JRの客車、貨車のほか各鉄道の気動車にも多く用いられている。

(b) 電磁直通ブレーキ

運転士のブレーキ指令は空気圧を0から増加させるが、圧力指示を編成各車へ伝送するのは電気回路による。各車では指令に応じた圧力をブレーキシリンダーに供給する。結局、運転士の指令した圧力がブレーキシリンダー圧力となる。電気回路による指令伝送なので、空走時間は空気圧力による伝送よりもはるかに短い。JRの各形式では2秒以内である。

空気圧力の調整であるからアナログ指令であり、ブレーキ力の細かい調整が可能である。故障や分離のときブレーキ力は失われるので、貫通条件を欠いたフェールアウト特性となる。

ＪＲの電車では、２０１系・４８５系までの形式に使用されている。

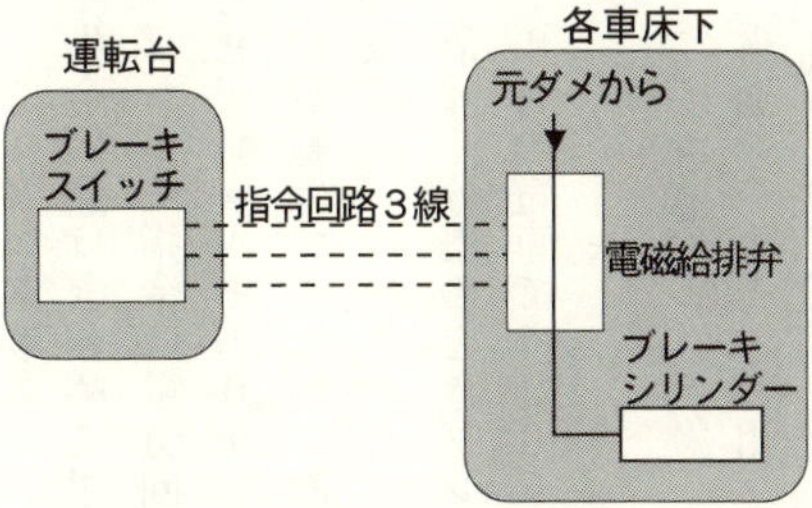

ノッチ	0	1	2	3	4	5	6	7
1回路	×	○	×	○	×	○	×	○
2回路	×	×	○	○	×	×	○	○
3回路	×	×	×	×	○	○	○	○

電気指令式（常用）ブレーキの模式図　運転士がブレーキスイッチを扱うと、ノッチに応じた指令が編成全車に送られる。各車の電磁給排気弁は指令に応じた圧力をブレーキシリンダーに給気・排気する。回路は３線を下表のように組み合わせて８ノッチ分の指令を送る

（c）電気指令式ブレーキ

電気指令式のうち、貫通ブレーキのものを電気指令式ブレーキ（貫通）と呼んだので、区別するために常用ブレーキのものをここでは「電気指令式ブレーキ（常用）」と名づける。

運転士からのブレーキ指令は電気回路による。すなわち運転士が扱うブレーキハンドルは電気回路スイッチを扱うのみで空気系は介在しない。各車では指令に応じる圧力をブレー

キシリンダーに供給してブレーキ力とする。空気系による動作遅れがないので各車へのブレーキ指令伝達はきわめて早く、空走時間が1秒を超えることはない。

ブレーキ指令は電気回路の組み合わせによるデジタル指令である。標準は回路3本の組み合わせでブレーキ力0から最大まで8段階の指令を行っており、この段階未満の細かいブレーキ力の調整はできない。微小調整ができるアナログ指令より不便だが、8段階あれば実用上の支障はない。このハンドル刻みも力行と同じく「ノッチ」と呼ぶ。

故障や分離のときブレーキ力は失われるので、貫通条件を欠いたフェールアウト特性となる。JRの電車では205系以降の形式に採用されている。

(3) 予備ブレーキ

貫通ブレーキ・常用ブレーキのほかに、第3のブレーキとして予備ブレーキがある。装備目的は、ブレーキの空気源を失ってブレーキ不能となったとき、ブレーキ力を確保することにある。

各車が独立した専用の空気ダメを持ち、運転室のスイッチ操作で編成全車にブレーキが作用する。貫通条件はなく空気源も限られるので、一時的な緊急装置である。

1971年に、列車が踏切事故によって編成全車の床下を破損して空気源の圧力が0となった。このためブレーキ不能となり下り勾配を暴走して脱線した事故が発生した。この事故が端緒となって以後の新形式に装備が義務付けられた。機器一式は外部からの損傷を受けないよう車体床下の中央部にあり、周囲を他の機器でガードしている。

故障や分離のときブレーキ力は失われるので、貫通条件を欠いたフェールアウト特性となる。

電気ブレーキと空気ブレーキの調整

前項までは制御方式の説明であったが、各車両においては受けたブレーキ指令を空気ブレーキ、ダイナミックブレーキとして作用させることになる。ここで、ダイナミックブレーキである電気ブレーキと機械式である空気ブレーキの競合と調整はバランスよく行う必要がある。

多くの形式は、運転室からのブレーキ指令を受けて、まず空気ブレーキが作用し、それに応じた電気ブレーキが作用したのを確認して空気ブレーキを緩める、という順序となる。これは電気ブレーキ不動作の場合に備えての対処である。現実には時間的に空気ブレーキが立ち上がる前に電気ブレーキが作用する場合もあるが、空気ブレーキを基本とする考え方は変わらない。

フェールセーフの面から、空気ブレーキを主として電気ブレーキを従とするのはシステムとしてやむを得ない。電気ブレーキが機能を失ったとき空気ブレーキに切り換えるのは簡単確実であるが、反対の場合は安定性の面から難しいからである。しかしブレーキ力そのものは電気ブレーキが主力を担当している。

電気と空気のブレーキ力の分担率は、一律切換と協同負担の2つがある。

一律切換は電気ブレーキが作用すると空気ブレーキ力を0として電気ブレーキがブレーキ力すべてを担い、電気ブレーキのみで不足する状態になれば電気ブレーキを失効させて空気ブレーキに切り換える方式である。この切換は両者が重なったり、空白ができたり、ギクシャクすることがある。ブレーキ開始時に空気→電気へ切り換わる重複衝動はJR117系などで明確にわかる。また停止前に電気→空気と切り換わる空白衝動はJR485系が大きい。反対にまったく衝動を感じさせない形式も多く、これらは制御器の差によるものが多い。

協同負担は電気ブレーキで不足する分を常時空気ブレーキが補足する方式である。協同負担は電気ブレーキ力の増減に空気ブレーキが俊敏に対応する必要があり、機械式制御器では困難であったが、半導体制御によるチョッパやVVVFの制御器では空気ブレーキが追随できるように電流を緩やかに変化させることが可能となった。

遅れ込めブレーキ

電気ブレーキを有効に使用する方法として、遅れ込め方式がある。列車全体で必要とするブレーキ力に対して、まず電動車の電気ブレーキのみを使用し、電気ブレーキが最大限度に達し、なおかつブレーキ力が必要なときに初めて付随車の空気ブレーキを作用させる方式である。

したがって軽いブレーキのとき付随車のブレーキは作用しない。付随車のブレーキが遅れて作用することから「遅れ込め」と呼ぶ。

電気ブレーキの活用と、空気ブレーキ機械部分の損耗の減少を目的として採用が進んでいる。車両間のブレーキ力不揃いによって車両間で押し引きが起こり衝動が発生するはずだが、連結器の改良によって欠点として目立つことはなくなっている。

車止の約4ｍ手前まで進入する例　万一の行き過ぎがあっても車止の中心にあるストッパーは車両の連結器と台枠を受けとめる構造である（京王線新宿駅）

コラム　車止まで20ｍ

ＪＲでは機関車時代の慣習からブレーキ余裕距離の確保が厳重であった。最もブレーキの難しい貨物列車ではブレーキ公差として30ｍを認めていた。つまり30ｍの範囲に停止すれば停止位置を合わせたという認識である。この流れから、車止のある行き止まり線に進入するとき、停止位置を車止の相当手前に設定していた。電車になった現在でもＪＲは車止の手前20ｍ程度のものが多い。

一方、鉄道によっては車止の５ｍ手前まで最徐行で接近する実例もある。どちらも根拠ある取り扱いであるが、ブレーキ性能の向上した電車では余裕距離20mは甘えすぎだとの思いがある。ただし5mは運転士にとっては大変な緊張で、停止のさいの衝動緩和も後回しになる。もっとも歩くより低い速度だから衝動も問題視するほどではない。

これらは安全の問題でもあるから、余裕の大きいことを批判するのは間違いかもしれない。しかし、頭端式のターミナルでは乗客の歩く距離がそれだけ伸びるし、一等地にあるスペースを遊ばせるのはもったいないとも思う。私自身もどちらが望ましいか結論を出しかねている。

第５章　線路と架線

越後湯沢駅（写真・読売新聞社）

庄内の雪を積み来し貨車の背に今し越後の雪降りしきる

宮田茂夫

1　ホームと車両限界・建築限界

ホームの高さ

電車に乗るとき見える施設を説明しよう。まず駅のホームから。

ホームから電車に乗るとき、ホームと電車床面の高さの差を意識したことがあるだろうか。大都市圏ではほとんど同じ高さのものが増えているが、完全に同一のものは少ない。

JRのホームの高さは、レール面から76㎝、92㎝、110㎝の3種類とされている。しかし建設とその後の経緯からすべてこの高さに揃っているとは言い難い。またレールの種類や線路を支えるバラスト（レールの下に敷く砂利）の厚みを変更するとホームの高さもずれることになる。

76㎝ホームは車両にステップ（出入口に設けられる踏込《ふみこみ》の段差）があることを前提にしており、ホーム→ステップ→床面、と2段を上って車内に立つことになる。そのため、この線区を運転する車両は電車もステップを装備している。92㎝ホームは、ホーム→床面、と1段を上がって車両床面に達する前提であり、110㎝ホームは車両の床面高さとホームを揃えたものである。

もともとはホームの高さは76㎝であったが、乗り降りの時間の短縮と安全のためにホームを高くする傾向にある。ホームを観察すると、高さを嵩上《かさあ》げした経過がわかることもある。また短編成の電車が停まる駅では必要な部分だけ嵩上げしているホームもある。

車両の側も床面高さがまちまちなので、完全に揃えることは難しい。また乗降時の違和感を

ホームの高さの変遷　76㎝〜92㎝〜110㎝と順次嵩上げした様子がわかる（西高屋駅）

ステップのある電車（475系。直江津駅）（写真・酒井孝夫）

110㎝の高さのホームと223系（左）、115系の床面　ホームと車両床面との差はこのように多様である

なくすために、床面をホームより低くしないという原則がある。金属バネの車両では荷重による車体沈下を考えると、空車時に同一高さとするのは無理がある。そのため、110㎝ホームでも、床面とホームの高さには数㎝の段差があるのが普通である。

新幹線はすべて白紙から出発したため、ホームと床面を125㎝に揃えて理想的なバリアフリーの鉄道として開業した。これも後に登場した300系では屋根上機器を床下に集中したため、床面が高くなって完全平面の原則はくずれている。

車両限界

鉄道は装置産業であって、電車は狭い空間に囲まれて走っている。車体スレスレのホームはその典型のひとつである。

鉄道車両はレールの上を走るため自分で障害物

を避けることができない。したがって車両のサイズと車両を通すためのスペースを厳格に定める必要がある。電車と周囲の設備とがぶつからないために、どのような基準に従っているのか説明しよう。

車両のサイズの最大限度を車両限界という。車両のサイズはこれをはみ出ることは許されない。

ＪＲでは次のとおりである。

最大幅は３０００㎜とする。曲線を通るときは車体の端部や中央部が左右に偏ってこの限界をはみ出すことになるが、これは建築限界の側で対処する。偏りが大きいときは車体の端部を削ることがある。なお、現実には車体下部の幅を縮小した暫定限界を使用している。理由は建築限界で述べる。

一般の車両限界・建築限界

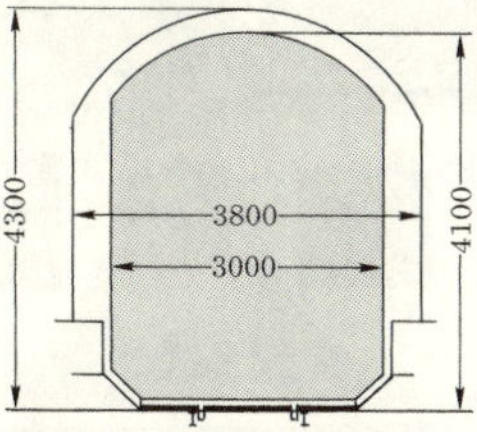

電気車両の車両限界・電化区間の建築限界
（架線を除く．トンネル等では縮小できる）

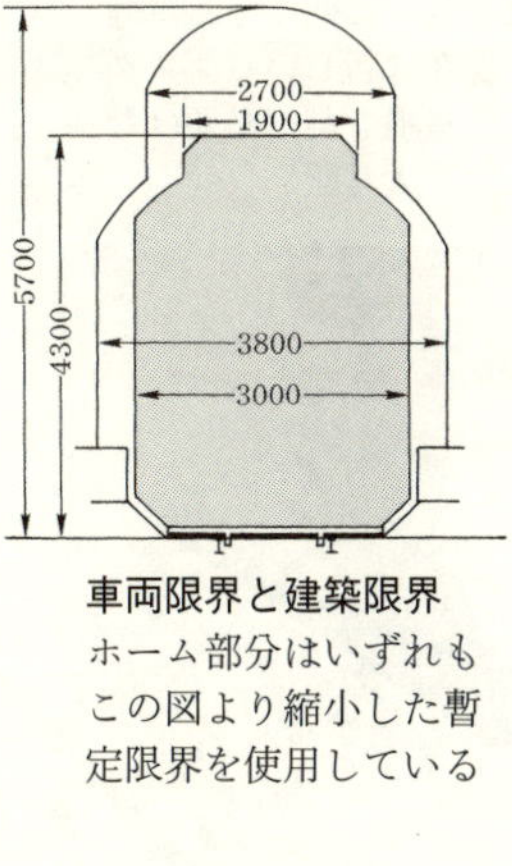

車両限界と建築限界
ホーム部分はいずれもこの図より縮小した暫定限界を使用している

最大高さは原則4100㎜、これは中央部であり車両の肩に当たる部分は丸く削られて高さは3300㎜となる。電気車両はパンタグラフなどの装備が加わるため、パンタグラフを降ろしたとき4300㎜としている。このはみ出し部分のため、電気車両はパンタグラフを降ろしても非電化線区を通過することはできない。

また中央東線や身延《みのぶ》線ではトンネルが小さくて、架線が限界より低い例外線区があり、ここを通過する電気車両は通常より低い限界に収めたものに限られる。

低屋根構造の電車　架線が基準より低い線区用に屋根を削って低くした車両が使用された。現在は新しいパンタグラフが開発されて屋根を削る必要はなくなった（富士急行大月駅）

はみ出しの大きい車端部を削った例
近江鉄道では西武鉄道の車両を譲受したさい、車端部を削る改造を行った上で使用している。同様に車端部を縮小させた例として、電気機関車のEF58が有名である（写真・後藤直之）

車体底部はレール面から75㎜を空ける。もちろん車輪は例外である。車輪の直前にある排障《はいしょう》器《き》や砂まき管などは25㎜まで許される。

蛇足だが、底部の75㎜にレールの高さ・タイプレートの厚さ・枕木の凹《へこ》みを加えると車体の下に約３００㎜の隙間ができる。もちろん、もぐりこんだりして試してはいけない。

建築限界

車両を通すスペースの最小限度を建築限界という。この中にはみ出す構造物を設置してはならない。ＪＲでは次のとおりである。

側面は車両限界から４００㎜のスペースを空ける。これは乗務員や乗客が車外を覗いたり手を出したりすることを考慮している。単純に考えればこの範囲まで窓から手を延ばしても大丈夫だが、曲線による車体の偏りと、車両自体の動揺で左右にはみ出す分をこのスペースで吸収するから、実際はもっと小さい。ただし急曲線の場合は偏りが大きいので、はみ出し分をこの４００㎜に上積みする。したがってトンネル断面も大きくなる。

諸々《もろもろ》の経緯からこの余裕スペースが小さい鉄道や線区が多くある。こういう線区を走る車両は乗客が手などを出せないよう、窓の開きを制限したり、窓に柵《さく》を設けている。

ホームは乗客の安全のため車両との空隙《くうげき》を最小として、車両限界から75㎜を空ける。すなわち車両とホームの隙間は最小75㎜となる。余裕が少ないため曲線では車両の偏りに応じて広げ

車両限界と建築限界の余裕が少ないホームでは車体の偏りが大きいとホームを削る必要がある

曲線外側ホームでは車体中央部とホームの隙間が最大となる。曲線内側ホームでは車端部が大きくなる。子供やお年寄りを連れたときは注意する必要がある

る。急曲線の典型である分岐器がホーム部分にあるとき、ホームの縁をえぐるように凹ませているのに気付かれた方もあると思う。

急曲線のホームでは隙間が大きくなって乗客が隙間に転落するおそれがあり、鉄道会社は危険周知と案内に神経をすり減らしている。警告灯を設置している箇所も珍しくなくなった。

建築限界が定められたものの、現実にはこの限界をはみ出したホームなどの構造物が多く残っており、はみ出し分を避けるために縮小した暫定の建築限界を使用している。したがって暫定の車両限界もその分だけ下部の幅を狭めている。このためにＪＲ車両の多くが裾絞《すそしぼ》りのスタイルとなっている。ホームの改修が進まず、この暫定限界

は70年も続いている。

屋根の部分は車両限界から２００㎜を空ける。上下の動揺は左右の偏奇《へんき》ほど大きくなく、乗客が覗くこともないのでこの数値となった。アクション映画のように走行中の屋根の上に人が乗れるスペースはない。

電化区間では、さらにパンタグラフを上げたスペースを空けなければならない。これは架線の高さに応じて設定される。また高圧電気回路から定められた距離を離すことが義務付けられており、これに対応するスペースも必要になる。架線の高さは後に述べる。

キロポスト

線路沿いには、さまざまな標識がある。曲線標、勾配標については第3章で触れたが、ここでは電車から見えるそれ以外の主な標識について説明しよう。

鉄道では線路の位置を表すのにキロ程を用いる。道路のように◯◯の東方◯ｍの場所という表現では、すべての業務について統一した基準にならない。

どの線区にも起点と終点が定めてある。位置はすべて起点からの距離によって表す。ＪＲ東海道本線の起点は東京駅、終点は神戸駅で、東京起点１２３ｋ４５６ｍの地点といえば、運転・営業・線路・信号・架線のあらゆる担当者がｍ単位で正確に把握できる。信号機や踏切の位置はもちろん、電柱も１本ずつキロ程で位置を表す。

①キロポスト　kmを示す。229km。②1／2ポスト　500mを示す。228km500m。③100mポスト　100mを示す。228km400m。④新幹線のキロポスト　電柱に取り付けている。⑤起点駅にある0キロポスト　⑥駅中心を示すもの　岡山駅は神戸起点143km400m

その目標とするため、起点を背にして左の線路脇に１００ｍごとに距離を示す標が立っている。１km標はkmを数字で記入し、５００ｍ標は１／２と記している。１００ｍ標は１００ｍ単位を記し、４とあれば４００ｍの意味である。kmのものをキロポストと呼び、東京駅をはじめ起点駅には０のキロポストが立っている。

起点は、東北本線は東京、山陽本線は神戸、鹿児島本線は門司港《もじこう》、北陸本線は米原《まいばら》、函館《はこだて》本線は函館、と定められている。原則として線内を起点に向かう列車を上り列車とする。近郊路線では起点が思わぬ方向で、新発見があるかもしれない。

キロ程を見たければ近くの踏切へ行けばよい。どこかに踏切名とともに記してある。

踏切のキロ程表示　204km205m を示している

速度制限標

線路脇には速度制限標も立っている。運転士はこれにしたがって運転しているのだろうか。

正解は否である。運転士は乗務する線路について完全にマスターしているのが前提であり、速度制限はすべて頭に入っている。○駅～○駅にあるＲ４００の曲線制限は時速70km

だという具合に。

　したがってタテマエ論で行くかぎり速度制限標は不要である。しかし過剰とも思える注意が運転士の錯覚を未然に防ぐことも、苦い経験からわかっている。この制限標はそういう目的で設置されている。

　速度超過による脱線事故の反省として、速度制限標が不揃いで不備であるという指摘がされたことがあるが、これは大きな間違いである。運転士は制限標なしで正常に運転する技能を持っている。

　速度制限標の表記方法についても問題がある。特に曲線の速度制限は列車や車種によって異なるために、どれを表記するか一律に決められない。高いものを表示すれば低速列車が釣り込まれる可能性があり、低いものを記すと高速列車は常時オーバーして運転することになる。苦

速度制限標
（上）中央本線で見かけた3種の速度制限。大きい数字を上にするか下に置くかなど、鉄道会社の方針はいろいろある
（中）最低速の列車に対する制限速度とRを併記したもの
（下）分岐器の制限

肉の策として曲線半径を書いたものもある。

筆者も最低速列車の制限が書かれた線区で、それを超えて運転していたら添乗の幹部からお叱《しか》りを受けたことがあった。こういう人が運転士の管理指導を行っているのかと心おだやかでなかった経験がある。

JR中央本線では「100・90・75・R400」と総合サービス的な速度制限標があった。それぞれ制限の異なる形式に乗務する運転士の苦労を察するとともに、錯覚しないようにと設置した指導担当者の気持ちを理解したいと思う。

2　レール・枕木・バラスト

レールの種類

運転室や客室からではレールの上面しか見えないが、レールはホームや踏切から観察すると興味深い対象である。レールの大きさが違うと乗り心地や騒音が異なるし、車輪との接触面が磨耗によって増加したり、フランジの形に磨耗していたり、側面と上面の磨耗のバランスなど、気になる要素は多くある。

レールは長さ1m分の重量をkgで表し、たとえば「50キロレール」と呼ぶ。重量はレールの断面積によって決まるので、結局レールの太さを表すことになる。

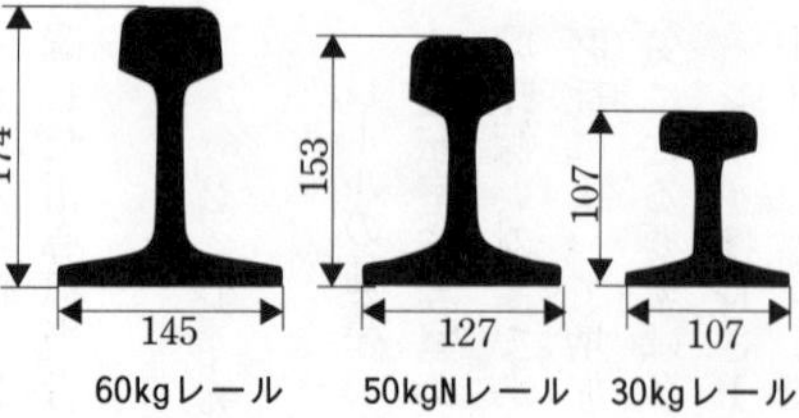

レールの断面比較図　60kgレールは新幹線や通過量の多い区間に使用される。50kgレールはその他の線区用である。30kgレールは本線に使用されている最も軽いものである

最も多く使われているレールは50Nで、サイズは、高さ153㎜、底幅127㎜、頭幅65㎜。日本で最大の60キロレールは、高さ174㎜、底幅145㎜、頭幅65㎜で、新幹線や通過量の多い線区に使用されている。重いレールほど強度が大きく、乗り心地もよくなる。

JRでは現在、新規投入は60と50Nに絞られているが、古い規格のレールも多く残っていて当分はなくならないであろう。60、50Nのほかに、50T、50PS、40、37、30、などがある。末尾記号は重さが同じでも断面が異なるための区分で、断面が異なれば別種のレールとなって共通使用ができない。

レール1本の長さは25mが標準である。レールは気温によって膨張・収縮するため、継目の隙間で伸縮を吸収する。電車に乗っていると「タタンタタン」と周期的に聞こえるのが継目を車輪が渡るときの音である。隙間は冬季に大きくなり衝撃が増大し騒音も大きくなる。

ロングレールは溶接によって継目をなくしたもので、車両への衝撃が減少し動揺防止と走行安定のために効果が大きい。レールの傷みも少ないため寿命が延び、騒音の低下も図られる。

ロングレールも温度の変化によって伸縮力が発生するが、枕木とバラストの重さで伸縮を抑え

ているため、高温時には圧縮力がかかり、低温時には引張力がかかっている。温度変化が大きいとバラストの押さえがレールの軸力に負け、レールがはみ出て蛇行状態になる例もある。

レールの寿命は磨耗によるものと金属疲労によるものの2種がある。

磨耗は全区間で発生するが、曲線においてが特に大きく、加速やブレーキによっても磨耗が増える。磨耗限度に達すると交換するが、最短では数ヵ月で交換するところがある。

金属疲労は、繰り返し荷重によるレールの強度低下のためで、通過量によって交換する。新幹線は積算通過量が約5億トンになると交換している。これは線路通過量なのでレール1本あたりは半分になる。通過量が過大でなければ直線区間においては寿命は10年を超えることも珍しくない。本線から外されてもレールとしての強度を失ったわけではなく側線などに転用される。駅構内の留置線などの寿命は無限といってよく、レールの腐食によって寿命が定まる。

中継レール　断面の異なるレールを接続するため、途中で太さが変わっている

使用するレールの種類はその線区の通過量に応じて選定されるが、60キロレールは年間通過量1200万トン以上の線区という目安がある。山手線の年間通過量は3500万トンである。トンネルや橋梁などでは保守と交換の経費がかさむので、トータルの経費が最小となるように通過量が少なくて

も大きいレールが敷設される例が多い。

　レールを連結する継目板はレールを挟み、ボルトによって締め付けている。60と50Tのみボルトが6本で、他はボルト4本である。

　異なるレールを接続するときは、両端の断面が異なる中継用のレールを用いる。側線では異なる断面を結ぶ継目板を用いることもある。

　レールが異なるとレール本体のみでなく継目板などあらゆる部品が異なってくる。管理上や予備部品のために、レールの種類は少しでも減らしたいのが本音である。

レールの刻印

レールの記号

レールの種類は腹部に約4m間隔で刻印されているので、ホームや踏切から読むことができる。表側の記号は次のとおり。表裏とは製造時の区分であって使用するとき表裏の区別はない。

1　↑　圧延方向

2　50N　レールの種類

3　LD　製鋼法
4　○　メーカー名（略号または記号）
5　2008　製造年
6　4または||||　製造月（本数が月を表す）

裏側は、メーカーの内部記号で、順位記号、鋼塊注入順位、溶鋼番号、作業組、炭素量、頭部熱処理方、が記されている。どういう場合でも製造過程がただちに判明する仕組みである。

頭部熱処理とは車輪に接触する頭部表面の硬度を増す処理を行うことで、磨耗量を抑えるのが目的である。曲線の外側レールをはじめ必要に応じて使用されている。

古レールを骨組として使用した岡山駅のホーム　レールで構成された曲線が美しい。手前の柱のレールには1888年製造という刻印がある

古くなって取りはずされたレールは鉄材として建築物に再利用されているものが多い。筆者の見た古いものは岡山駅上りホームの柱であり、1888年製であった。最近のものは品質向上により弾性が大きく、曲げ加工が難しいので使用例は少ないという。

枕木

枕木もレールと同じく変化に富んでおり、線区によっては木製やコンクリート製が入り混じっていて、車内で目をつむっていても走行場所を想像できる楽しみもある。コンクリート製が増えて単純化が進んだが、新しいスタイルの枕木も登場して目が離せない。

枕木は sleeper の意訳である。レールのマクラには違いない。大きく分類すれば木とコンクリートの2つである。以下ではJRの枕木について説明する。

（上）**木枕木**　バラストに木枕木という伝統的な線路。レールの締結は犬釘によっている
（下）**犬釘**　犬釘は頭部でレールを押さえている。釘と枕木の摩擦力が締結力となる

木枕木

木枕木は鉄道初期から現在に至るまで使用されている。強度が大きく取り扱いが容易な点が長所といえよう。

木枕木のサイズは、在来線の並のもので、長さ210cm、幅20cm、高さ14cmである。ほかに、橋梁用、継目用、ポイント用などがあり、橋梁用の最大のものは、長さ300cm、幅20cm、高さ23cmのものがある。原材はヒバ、ヒノキから始まって使用樹種は多く、輸入材が過半を占める。

樹種によって曲げ強さや犬釘《いぬくぎ》引き抜き抵抗力などは大きな差がある。材質管理は厳重に行われ、節、曲がり、そり、木口割れ、空洞などをチェックして等級を定め、使用箇所に割り振る。防腐処理を行うのが普通であるが、防腐剤のクレオソートの代わりに樹脂を注入するものも増えている。橋梁用は防腐加工を行わず素材のまま使用している。

木枕木の寿命は腐朽と犬釘締結力によって定まる。犬釘の引き抜き抵抗が600kg未満となると交換される。

レールと同じように1本ずつに表示が打ち込まれ、メーカー・製造年・樹種・防腐方・等級などのマークが記してある。バラストに埋もれるので読み取りは無理である。

犬　釘

犬釘とはレールを木枕木へ締結するもので、枕木へ打ち込む釘である。頭部の形が犬の頭を想像させるので名づけられた。頭部の形によって分類される。釘であるからコンクリート枕木には使えない。

コンクリート枕木

コンクリート枕木にはＰＣ枕木とＲＣ枕木がある。

ＰＣ枕木はprestressed concreteの略で、コンクリートは圧縮に強いが引張に弱いため、補強として鋼線（ピアノ線）を入れている。あらかじめ引張力を与えてコンクリートを固めるので、完成後は鋼線の緊縮力でコンクリートを圧縮して衝撃に対する強度を上げている。並のもので５㎜径の鋼線16本が入っている。

コンクリート枕木　幅を広げて設置数を減らしたもの

ＲＣ枕木は鋼線を入れるが引張力を与えないものをいう。

コンクリート枕木は、重量が大きく寿命が長い点が長所といえる。重量はレールの狂い（上下左右への移動）防止のために有効である。いっぽう、衝撃に対する強度についてはコンクリートは木枕木に及ばない。コンクリート枕木区間でもレール継目やポイントでは木枕木が使用されていることが多い。

コンクリート枕木は、製作のとき形状を自由に設定できるため種類が多い。在来線の並のものは、長さ２００㎝、端部の底幅24㎝、端部の高さ17㎝である。新幹線用の並のものは長さ２

４０㎝、端部の底幅30㎝、端部の高さ22㎝となっている。

種類は、直線・緩曲線《かんきよくせん》用、急曲線用、急勾配・急曲線競合用、継目用、翼付き（左右への移動抵抗を大きくしたもの）、などと多い。ほかにも、ケーブル保護用、伸縮継目用、など特殊なものがある。

上面の両端には、種類・製造年・メーカー名が刻印されており、ホームから読むことができる。この表記配列はメーカーによって相違がある。

コンクリート枕木は犬釘の打ち込みができないため、レールの締結は埋め込みのボルトによることとなる。必然的に後に述べる弾性締結となる。

線路の保守管理費の低減のために大型のコンクリート枕木を見る機会が増えてきた。幅が普通の枕木の２倍以上あったり、進行方向に敷いてみたり、省力化軌道として研究と実用が進んでいる。

枕木の敷設数

枕木を敷く間隔は25ｍあたりの本数で表す。ＪＲでは列車が走る本線を44〜34本としており、間隔は57〜74㎝となる。駅構内の側線は本線の規格が適用されないので、もっと少ないものがある。強度上からは本数が多いほうが望ましいが、多すぎると間隔が狭くなってバラストの保守や調整が困難となる。

締結装置

レールと枕木を結ぶ締結装置は、次のように分類する。

1　剛締結

犬釘でガッチリと留めるもの。犬釘1本の締結力は900～1500kgとされており、振動や衝撃によって緩みやすいので定期的な点検と打ち込みが必要となる。

2　弾性締結

緩むのを防ぐためにレールを抑える部分にバネ機能を付したもの。レールを留めている押さえ板の弾性がバネとなる。犬釘自身の頭部をらせん形としてバネ機能を持たせたものもある。

（上）**二重弾性締結**　レールの下にゴムパッド、上から板バネで抑えている。振動緩和と緩み防止に効果が大きい

（下）**タイプレート**　レールの下に敷くことでレールの安定と枕木の損耗防止に役立つ

バネ作用があるため締結が緩むことはない。

３　二重弾性締結

レールの下側にもバネ機能を持たせたもの。普通はゴムパッドを用いる。上と下から弾性をもって留めるので締結が緩まず、枕木への衝撃が最小となり、外への振動と騒音を低下させる効果がある。

タイプレート

タイプレートは木枕木に敷くレールの支持材である。枕木にレールを直接乗せないで、中間に平らな鋼材を挟んだものである。タイプレート底面の面積はレール底面の約２倍になるから、枕木に接する面積が増えて安定するほか、木枕木の寿命を延ばすことができる。タイプレート上面は内側に１／40ほど傾けて、レールと車輪の磨耗低減と走行抵抗の減少を図っている。

バラスト

枕木の下にはバラストがある。鉄道創生時は玉砂利であったが現在は砕石となっている。長い間には列車の震動によって表面が粉砕されて泥状となり、衝撃緩和と排水の機能が低下することになる。限度に達すると交換することになる。

バラストの役目は、枕木とレールを支えること、振動や衝撃を受け止めて緩和すること、排

新幹線のスラブ軌道（三原駅）

水を行うこと、などがある。これらに対して適応できる長所のために最も多く使用されている。重量と衝撃によって沈下移動するので点検と補修が必要となるが、その長所は捨てがたい。

　バラストの敷き方は枕木下面の厚みで表し、ＪＲの主要幹線では２５０㎜以上となっている。もちろん厚いほうが振動を吸収するバネ作用や排水の面で有利である。

　運転速度の高い新幹線では、風圧でバラストが飛ぶのを防ぐために表面に接着剤を散布しているのを見ることがある。

スラブ軌道

　スラブ軌道はバラストと枕木の代わりにコンクリートのベッドを敷き詰め、その上にレールを直《じか》に取り付けたものである。レールに狂いが発生しないので保守管理の費用と手間が少なくて済む。ただし、基礎部分に狂いを生じないことが前提なので、主に高架橋などに採用されている。もし狂いが出ればベッドと基礎の間の充塡材《じゅうてんざい》を調節する必要があり、大がかりな保守工事となる。

　運転士から見ると、バラストよりも衝撃と騒音が大きいように感じられる。惰行したときの速度低下も大きいから走行抵抗も増えるものと想像する。バラストのように車両の震動を吸収しないのが原因だろうか。

他にも、保守費用の大きいバラストを省略した構造の線路も増えている。枕木のサイズと本数を変えたり、バラストに充填材や固形材をかぶせてバラストのくずれを防止するものも開発されている。いずれも保守費用の低減が目的で、省力化軌道として採用が進んでいる。

分岐器

線路の分岐を行う部分を分岐器と呼び、正確には分岐部分（ポイント）と交差部分（クロッシング）からなる。全体をポイントと略称することもある。

分岐器の分岐する角度を分数で表して○番と呼ぶ。12番といえば1／12で分岐角度は4・8度、JRの1067㎜ゲージではR260の曲線となる。10番は5・7度でR180、16番は3・5度でR470、最大の20番は2・8度でR740となる。

分岐器の分岐側は急曲線となるので速度制限が厳しくなる。また直線側も分岐によるレールの隙間を渡るので速度制限を受けることになる（第3章の分岐器の速度制限を参照）。クロッシング部の側面には、表にレール種別と番数（例：50N　12）、裏に部内記号と製作年月の刻印がある。

分岐器の転換とレール密着の確認は重要である。転換方向にレールが密着していないと、脱線するかポイントを破損することが現物を見ればおわかりであろう。転換を確認する機器もポ

分岐器　ポイントマシンから延びている2本のロッドのうち、手前の太いものがポイント転換用であり、向こうの細いものは転換したことをマシン内のセンサーへ伝える役目をする

イントマシン（転換用の動力装置と転換を確認するセンサー装置をまとめた機械）に内蔵されている。ポイントマシンから転換するためのロッドがレールに結ばれているが、位置確認用として別に独立したロッドがレールから確認機器へ戻っている。レールの位置を間違いなく確かめるためのシステムである。

　方向転換の操作はモーターによる電気式が多く、制御盤のスイッチで操作する。進路を構成する重要機器なので、鎖錠《さじょう》（保安条件によるロック）を解除する必要があり、スイッチ操作で無条件に動くわけではない。

　空気式による転換もある。現場まで空気配管を設置して、シリンダーに供給して転換動力とする。長所は転換時間の短縮である。モーターがウィーンと動くのに対し、空気式ではパシャンと瞬時に完了する。実例として、この空気転換によって東京駅の中央線折り返し時間が短縮され、2分間隔ダイヤが可能になったとの逸話がある。旧型電車でポイント制限がきつかった頃の話である。

　信号扱所の制御盤からの遠隔操作ではなく、現場で人力で扱うものもある。この場合も保安条件のロックは生きていて自由には動かない。列車の運転に関係しない側線はロック装置は不要である。

3　架線

架線の構造

動力源である電力を電車まで届けるのが架線である。上下の2本の電線とこれをつなぐ吊り金具からなる。上位の線を吊架線《ちょうかせん》、下位の線をトロリー線、吊り金具をハンガーと呼ぶ。最も重要なことはパンタグラフに接触するトロリー線を水平に保つことである。

まず吊架線を張ると支持部分の中間が重力でたわんで波型の連続となる。その高さの変化に合わせてハンガーの長さを調整しながら、トロリー線を水平になるように張ってゆく。

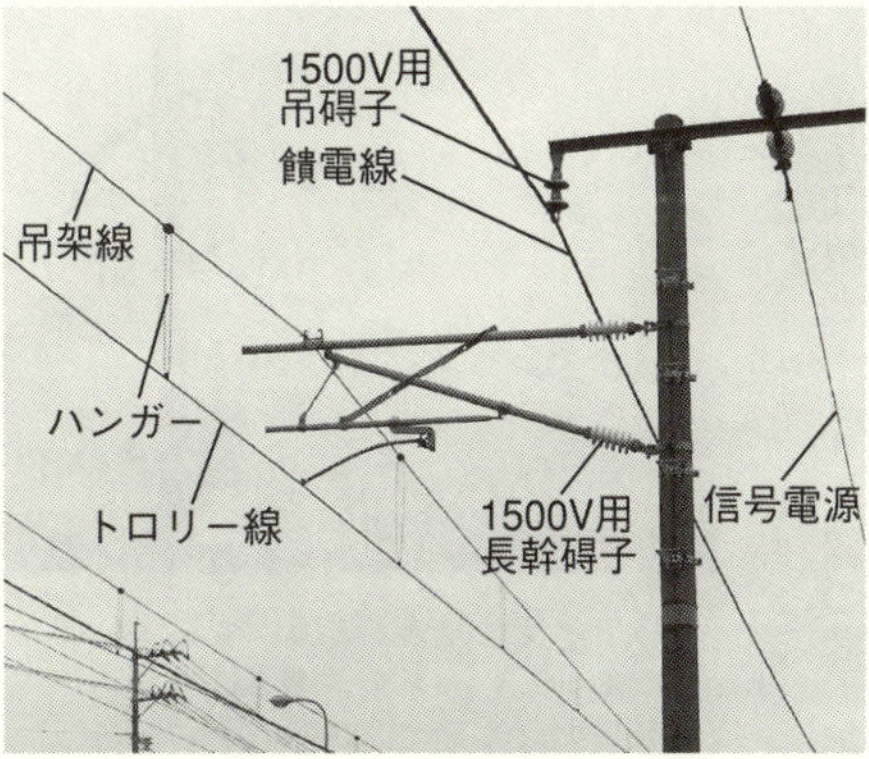

直流の架線

パンタグラフはトロリー線を押し上げるが、それに対応する力は支持点が最も硬く、中間は軟らかい。この差によってパンタグラフへの波打ち作用が起こり、硬い地点を過ぎたときパンタグラフが離線（架線から離れる）する原因となる。高速度では特に顕著となる。この短所をなくすよう種々の吊架方式が開発されてきた。吊架線とトロリー線の間に補助吊架線を設けて2段がまえの吊架としたり、支持点の部分のみを2段にするなどの方法があり、それなりの長所があるが、費用もかさむので採用は一部にとどまっている。

上り勾配や重量列車の出発などいつも大電流を集電する箇所は、パンタグラフとの接触面積を増やすため2組の架線を並行させて、パンタグラフを常に2本のトロリー線と接触させる設備もある。

吊架線は強度確保のために鋼線であり、ハンガーも鋼製となっている。トロリー線はパンタ

バランサー　架線の引張力を錘によっているもの。伸縮しても引張力は不変である

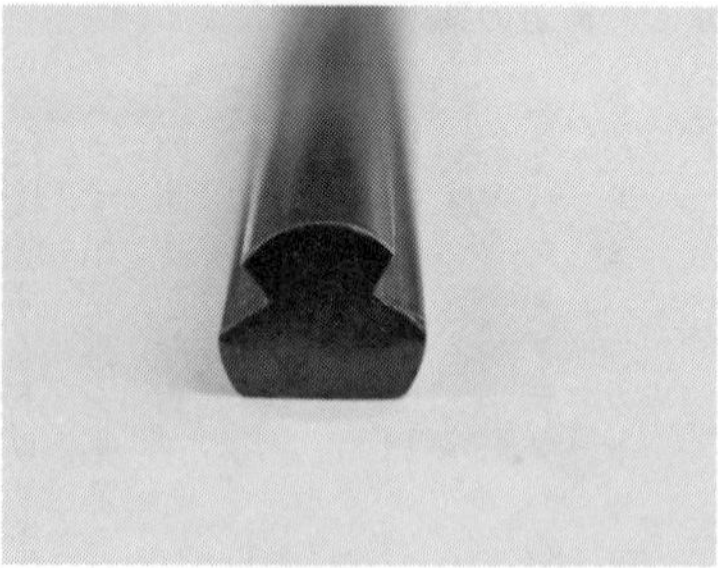

トロリー線の断面　本来は真円であるが、上の左右にハンガーが摑む溝が刻んである。下部は磨耗により扁平になっている

グラフと接触して電流を流すために電気抵抗の少ない銅線である。パンタグラフの押し上げ力や風圧で揺れないよう吊架線・トロリー線に各1000kg、合計2000kgの張力を加えている。

　張力を加える装置には錘《おもり》の重力を利用したバランサーが多く、線路脇に見ることができる。気温の変化による膨張収縮があるので架線全体を前後方向に可動としている。

　トロリー線の標準は直径12mmの丸断面で、ハンガーが掴《つか》めるように上部に溝が2本刻んである。パンタグラフとの摩擦と火花発生のために磨耗するが、磨耗限度は約4mmとされ、それを超えると交換される。新幹線用は高さ17mmの台形で、2本の溝があるのは同じである。台形にしたのは、底部を平面として使用開始時から接触面積を確保して高速運転のパンタグラフの負担を軽くするよう考慮したものである。

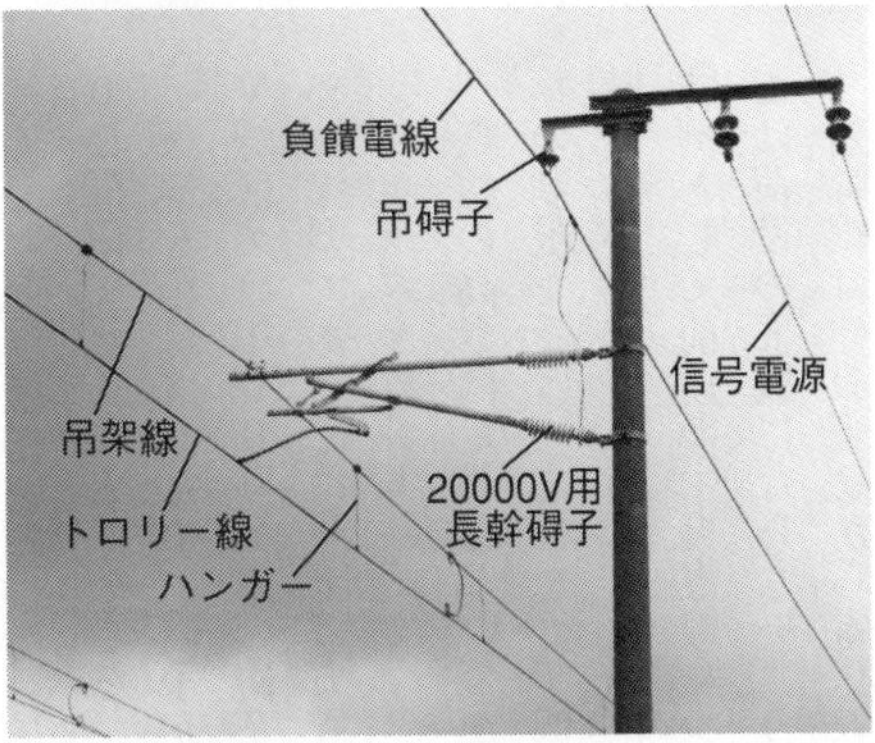

交流の架線（BT 饋電）

　直流区間では電流が大きく、線区によっては数千Aの電流を供給するため、トロリー線だけでは電流の供給が間に合わず、饋電線《きでんせん》と呼ぶ給電線を別に張っている。饋電線は鋼芯《こうしん》入り硬アルミ撚線《よりせん》で直径は約60mmと太く、すぐ目に付く存在である。饋電線からトロリー線への給電支線も25

0m間隔で見ることができる。

架線を絶縁するために碍子《がいし》が使用される。碍子は電圧に応じて重ねて用いる。直流1500V線区では1000V用の碍子2つ重ねが普通である。交流用は直流用より高電圧に耐えるために大型である。吊り下げ方式以外では棒状の長幹碍子が使用される。これも交流用は表面の襞《ひだ》のサイズと数が多い。

架線の高さは変わらないのが望ましい。JR在来線の標準高さは5100㎜であるが、構造物の制限を受けてやむを得ず低くする場所が多くある。トンネルや陸橋の下が主で、これらは構造物が完成したあと電化したのでこのような結果となった。最低高さは4550㎜。ほかに特例として前述の中央東線や身延線でさらに低いものを認めている。またコンテナホームなどでは荷役の邪魔にならないよう少しでも高くしたいので、最高を5400㎜まで許している。

新幹線は建設当初から電化鉄道だったので、架線高さは5000㎜を標準として全線がほぼ一定という理想の架線となっている。したがってパンタグラフの作動範囲が小さくて済み、在来線よりもはるかに小型軽量な構造となり、高速運転に貢献している。

架線とパンタグラフの接触箇所は電流と摩擦による発熱を伴うので、パンタグラフを傷めるおそれがある。これを防ぐために架線は左右にジグザグに張って、パンタグラフの同じ箇所が連続して接触しない構造となっている。左右動の幅は400㎜以内である。

架線構造も保守費用の軽減を図るため構造の合理化が進んでいる。鉄骨を組んだビームに代わって太い鋼管を用い、屈曲部も丸めて強度を上げている。吊架線に饋電線を兼ねさせて饋電線を省略したものもある。吊架線は太くなるが、重々しい饋電線を省略することができる。構成品と電線数が減少するので最終的に省力化になるのだという。たしかに見た目もスッキリしている。

パンタグラフ

動力電流を架線から受け取るパンタグラフは、高速で架線と摩擦しながら役目を果たさなければならない。しかも車両の動揺による変位も受け止めねばならない。

パンタグラフが架線から離れることを離線といい、大きなアークを発生する。アークは熱を発生してパンタグラフと架線を損傷する。直流ではアークの自然消滅が望めないので、離線は何としても防止しなければならない。交流では電流方向が反転するために、反転途中で電流０となったときアークは消える。連続して見えてもアークは60Hzならば１／１２０秒ごとに消えている。

パンタグラフを架線に押し付ける力は５kg程度であり、このソフトな接触を動揺しながら保たねばならない。パンタグラフは軽さとバネの柔軟さが生命であることを理解していただきたい。軽量化のために材質は航空機と同じジュラルミンが多い。

パンタグラフ頂部のトロリー線と接触する部分はトロリー線と相性のよい摺板である。磨耗寸法は定期的に測定して交換される

架線と接触する摺板《すりいた》は、電流を通すためには架線と同じ銅が望ましいが、摩擦する物体は同じ材質のとき最も抵抗と磨耗が多い特性がある。この対策として、硬と軟を組み合わせることになり、架線の銅よりも軟らかい材質が使用される。カーボンから焼結《しょうけつ》合金まで多種の摺板があり、鉄道によって最適のものを採用している。

このためパンタグラフの摺板は消耗品である。磨耗防止の対策を採れば架線の磨耗が増えるので、パンタグラフ側を弱くしている。架線を交換する費用と摺板を交換する費用を想定すれば当然であろう。

剛体架線

架線を張るスペースが充分でないトンネルや地下路線などでは、剛体架線を用いることがある。架線の代わりに金属製のバーを用い、1本のバーを張るだけなのでスペースは最小で済む。その代わり、架線が動かないのでパンタグラフの動揺を吸収できず、パンタグラフの離線を起こしやすい。離線対策として剛体架線の区間ではパンタグラフを増やす方法も採られている。

複数の同時離線は確率が低いとの理由である。

このために、剛体架線は高速運転を行わない線区に使用される。逆に高速運転のない路線では、トンネルの断面を縮小して建設費を低減するために採用することもある。

サードレール

トンネルなどで上部に架線スペースがないとき、線路脇に給電線を置くことがある。こちら

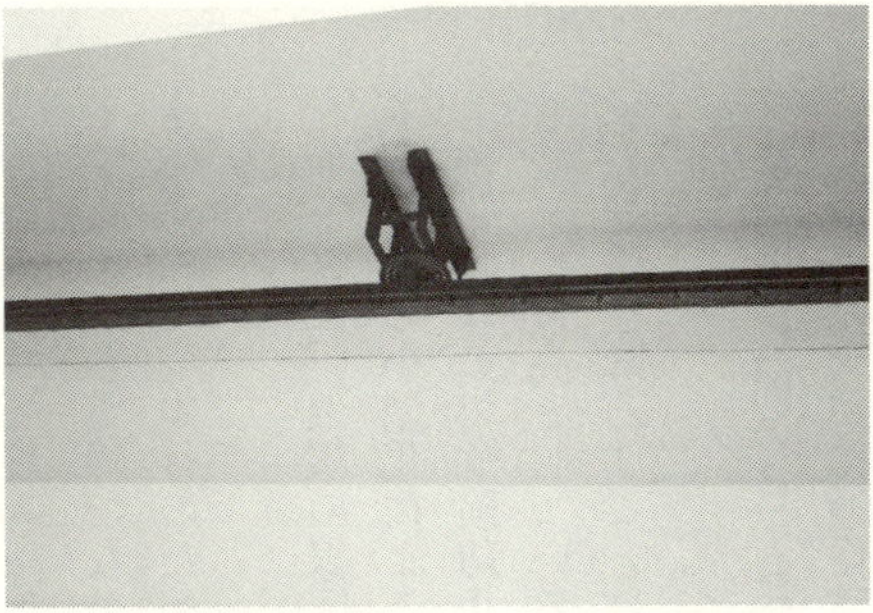

剛体架線　剛体のバー1本で構成されているので構造は簡単で丈夫である。問題はパンタグラフの変位を受け付けないことで、高速運転は無理である

サードレール　サードレールそのものはカバーの中であるが、構内に張りめぐらされていると物々しい。地上であるため電圧は750V以下に規制されている

も安全上から電線でなく剛体のバーである。走行用と同じ規格のレールを使用することから始まったので、走行のための2本のレールに続いてサードレール（第三軌条）の名が使用されている。

地下鉄は、架線の線区と相互直通する場合を除き、基本的にサードレールを採用している。トンネルの小型化による建設費の低減が目的である。

線路脇なので危険防止のためカバーで囲ってあり、サードレール本体は見えない。電圧は750Vを最高としている。踏切や分岐器では構造が複雑になるし、緊急時にも通電したまま乗客を線路に降ろすことはできないという欠点がある。

交流電化区間のBT饋電とAT饋電

交流には周囲に通信障害を起こす特性がある。鉄道の架線は大電力を市街地などに近接して通すので影響が大きい。この対策として回路の往と復を近接並行させる方式が採用されている。反対方向の電流が並行すると打ち消し合って障害作用が減少することを利用している。

このために架線に近接して負饋電線を設けて、電車からレールに流れた電流を吸い上げる。変電所まで帰る電流はレールでなく架線と並行した負饋電線を通ることになり、通信障害を最小にすることができる。この方式をBT（Boosting Transformer）饋電と称している。

BT方式では、レールから負饋電線へ電流を吸い上げる装置のため、架線をセクションで区切る必要がある。列車はここを通過するとき惰行を強いられ、架線の保守にとっても不利な条件となっていた。

これに対して、AT（Auto Transformer）饋電では、架線に並行して饋電線を設け、架線・

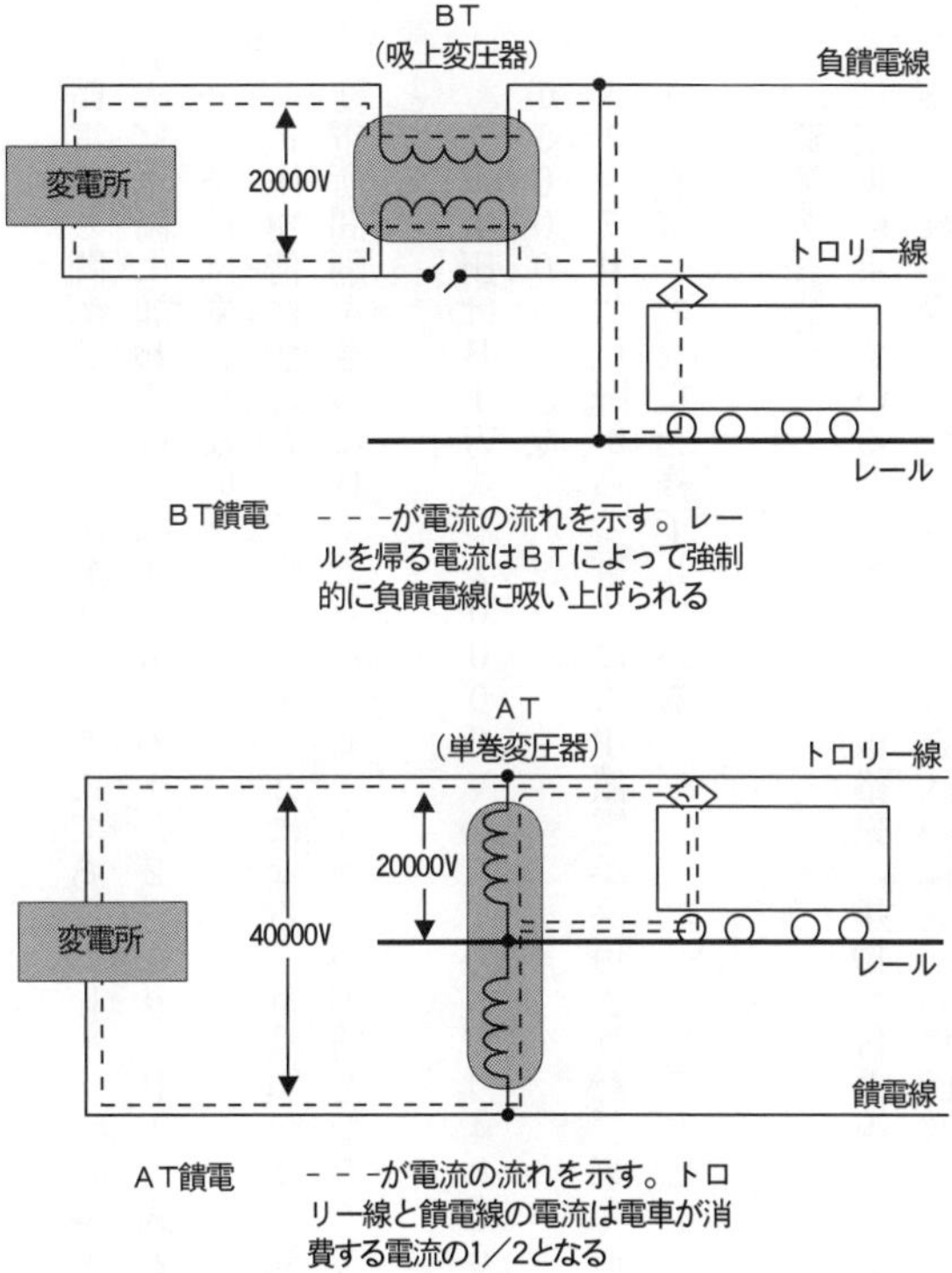

BT饋電
- - -が電流の流れを示す。レールを帰る電流はBTによって強制的に負饋電線に吸い上げられる

AT饋電
- - -が電流の流れを示す。トロリー線と饋電線の電流は電車が消費する電流の1／2となる

BT 饋電と AT 饋電の模式図

饋電線の間に2倍の電圧を加える方式である。レールは回路上で架線・饋電線の中間となるため、車両に加わる電圧は送電電圧の1／2となり、BT方式と変わらない。すなわち車両にとって条件は変わらない。

電圧を倍にすることで電流が1／2になる。電線類がより軽くて済み、送電ロスが減少して変電所間隔をさらに長くできる。セクションが不要となるので、架線保守と運転にとって有利となる。

送電電圧はBT方式の20000VがAT方式では40000Vに、新幹線は25000Vが50000Vとなる。

1970代以降からの電化にAT饋電が採用された。東海道新幹線はBT饋電であったが、AT饋電への改良を終了している。

変電所の設置

電車に乗っていると、ときどき線路脇の建物から電線が架線に伸びているのを見ることがある。これが変電所で、設置間隔は線区の編成、列車回数によって異なる。JRの幹線区間では、直流電化では約10km間隔で、交流電化では約50〜70km間隔で設けられている。変電所の位置は、鉄道の給電条件と、電力会社の電源条件から定められる。変電所から架線への給電は距離が限定されるので、おのずから変電所間隔が決まってくる。また、電源は電力会社の給電網に近いのが望ましく、電力会社の変電所に直結できれば申し分ない。保守管理のための道路網なども考慮しなければならない。

これらを勘案して変電所の位置が決定される。列車単位が大きくなり、列車回数が増えると、中間位置に変電所を新設することもある。

架線の点検保守は夜間に停電して行うことが多い。いっぽう、車両基地では夜間に車両の整備を行う必要に迫られる。変電所と車両基地が離れていると、車両基地へ給電するために途中の架線を停電することができず、不便なことになる。この対策として車両基地の近くに変電所を設けるのが望ましい。離れている場合は基地専用の別回路で給電することが多い。

電圧降下

架線の電圧降下は予想以上に大きい。変電所から途中の降下を見込んで高めに供給するが、変電所から最も遠い場所では20％近く降下することもある。電圧降下の原因は架線の電気抵抗のためである。電流値が増えるほど降下は大きくなり、惰行のときは１５００Ｖあっても力行するといつも１３００Ｖになるという実例がある。

列車回数が多い区間では変電所容量も大きく、個々の列車に左右されることは少ないが、変電所容量の小さい線区では列車ダイヤによって影響を受けることがある。

給電区分と異常時の停電

変電所から架線へはどのように給電しているだろうか。複線区間では上下線が別回路となっているのが普通である。複々線ならば4線が独立している。理由は1線を停電したときに他の線への障害を避けるためである。線路に沿う前後方向は変電所の位置で区分されている。駅の位置ではなく変電所の位置での区分である。複線ならば上下線をそれぞれ前後に分割するので4区分となる。

直流方式ではこの1区分を隣接変電所と協同で給電している。交流方式は電流方向が常時反転するため（東日本50 Hz、西日本60 Hz）、隣接変電所との協同給電は行わない。区分境界ではセクションにより架線は離れているが、パンタグラフが通過するときに直流では両方に接触して瞬時短絡（ショート）する。交流では無電圧区間を通るので車両は瞬時停電となる。

直流区間では、変電所の内部でこの複数回路を全部接続している。つまり区分はいっさいなくなり、全部の回路を全部の電源が協同で負担することになる。極言すればJRの東京から下《しもの》関《せき》まで架線は1回路としてつながっている。

平常時はそうでも異常時は別である。架線に異常を感知すると変電所は隣接変電所と連動して、異常の起きた1区間を両方から遮断して停電させる。たとえばA変電所～B変電所の下り線のみが停電する。

直流・交流とも、異常の検知とは過大電流の検知である。しかし直流ではふだんの運転電流が大きく（1本の列車で３０００Aを超える）、架線のショートなどによる事故電流を運転電流と区別できないことがある。このため電流の増加割合を検知する構造が採用されている。事故電流ならば瞬時に最大値になるが、運転電流ではあり得ない。この微少時間の変化の差を読み取るシステムである。

異常を検知して停電させたときは、直流も交流も短時間後にもう一度送電する。異常現象は一時的な障害が多く、送電しても再発しないことが多いという実績による。むろん再び異常を検知して停電すれば原因が判明するまで送電しない。

コラム　電車の免許証

電車を運転するには国家資格の免許証が必要である。自動車と同じように種類がある。鉄道法による路線（いわゆる通常の鉄道）に対する免許を甲種、軌道法のもの（路面電車など）を乙種と呼ぶ。車種は電気車・内燃車・蒸気機関車・新幹線電車に分類される。私が持っているのは「甲種電気車」のみである。蒸気機関車の資格も持っているがJRに移行するとき残念ながら免許は失効となった。

この免許証は個人に与えられるので、鉄道に在職していることとは関係ない。有効期間は終身である。路線や地域の制限はなく日本国内の鉄道ならどこでも通用する。

個人で取得できるだろうか？　定められた教育と実習を受けて試験に合格すれば可能であ

る。ただし養成の設備と人材を持っているのは鉄道会社のみであり、部外者を受け入れてくれるかどうかは交渉次第といえよう。

第６章　安全のこと

入信《いれしん》の停止現示ににじり寄る電車とわれと一心同体

山田正男

1　閉塞の考え方

1本の列車が線路を占用する

大勢の乗客を乗せて高速で運転する鉄道では、安全が何よりも大事である。鉄道がどのようにして安全を確保しているか、自動車と簡単に比較してみよう。自動車にとって道路は自分の専用物ではない。ご承知のとおり、追突や左右との接触防止は運転士が自分の目で確認する。

鉄道は道路と異なり、線路を適当な区間に区切ってその区間を1本の列車が占用する方式を用いる。つまりその区間内では他の列車と衝突や接触をする心配がない。1本の列車が占用すると他の列車が通れないことから、パイプが詰まったことにたとえて「閉塞」と呼び、その区切った区間を「閉塞区間」と名づける。

閉塞区間にいる列車の運転士は他の列車との遭遇を考える必要がなく、極論をいえば前方注視の必要がない。現実に曲線のトンネルでは見通しゼロに等しく、運転士には前方の様子がまったくわからない。前方注視は閉塞を保証する信号機の確認のほか踏切などでの不測の事態に

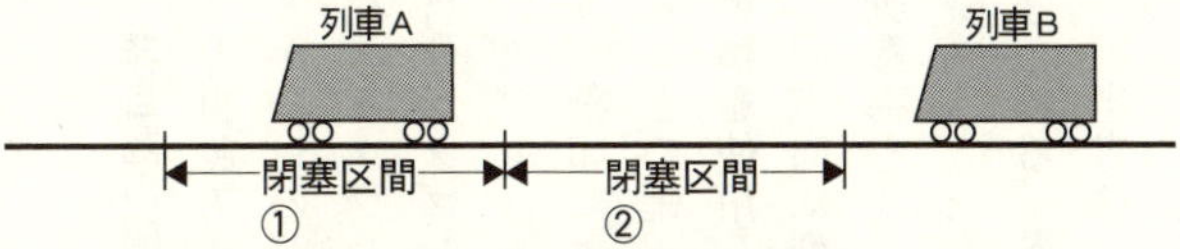

Aは許可を得て①を占用している。他の列車を①に入れることはできない。②は空いているのでBに進入許可を出すことができる

備えることと、停車や発車の操作を行うためである。この点が道路交通と根本的に異なっている。

閉塞区間は信号機などの関係設備を伴うので固定されており、その時々に応じての変更は現実には無理である。1閉塞区間の長さは、JRの通勤電車線区は500m以下が普通であり、都市圏を離れた東海道・山陽などの幹線は1000〜1500mが多い。

反対に列車回数の少ない線区では10kmを超えることも珍しくない。この場合は続行列車を運転するとき、先行列車が10km走って閉塞区間を抜けるのを待つ必要が生じる。

その閉塞区間を1本の列車に占用させるシステムを「閉塞方式」と呼び、いろいろな方式が使用されてきた。原則は次のとおりである。

①閉塞区間に列車がおらず、空いていることを確認して進入許可を出す。

②1つの列車に進入許可を出したあとは他の列車に進入許可を出してはならない。

③列車がその閉塞区間を通り過ぎて、閉塞区間が空いたことを確認すると、次の列車に進入許可を出す。

閉塞方式を大別すると、非自動の方式と自動の方式の2種類となる。

非自動の閉塞方式

非自動方式は、係員が確認を行って進入許可を出す方式である。単線区間の方式として最も多かったのが、通行証として区間を明記したタブレットを携帯する方式である。閉塞区間に存在するタブレットは1個である。運転士はその区間のタブレットを持たないと進入できないし、自分がタブレットを持っているかぎり他の列車が進入して来ることはない。

タブレットは金属製の直径15㎝の円盤形で、隣接する区間が同種のタブレットとならないよう、刻印によって4種類に分類して使い分けている。受け取ったタブレットがその区間用であることの確認は運転士の重要な作業である。種類が多いと誤認の可能性が増えるので普通は3種類を使用し、区分が困難な場合に4番目を使用する。

同方向に列車が続くときは1個のタブレットでは間に合わない。このため両方の駅を結ぶ連動機構を設けて、着駅でタブレットを機器に格納すれば発駅で新しいタブレットを取り出せるシステムとなっている。したがって、この区間に存在するタブレットは1個のみという条件は守られる。異なる区間のタブレットは機器が格納を受け付けない。

担当者のミスによって、携帯を忘れたり、自区間でないタブレットを携帯することはあり得る。これは無許可で閉塞区間に進入したことになり、2本の列車が存在する可能性を招いて衝

タブレットの受け渡し　停車駅でも停車する前にホーム中央で駅長に渡すことが多い。取扱時間を短縮すると閉塞の解除が早くなり、少しでも早く次の列車に渡すことができる（飛驒古川駅）（写真・毎日新聞社）

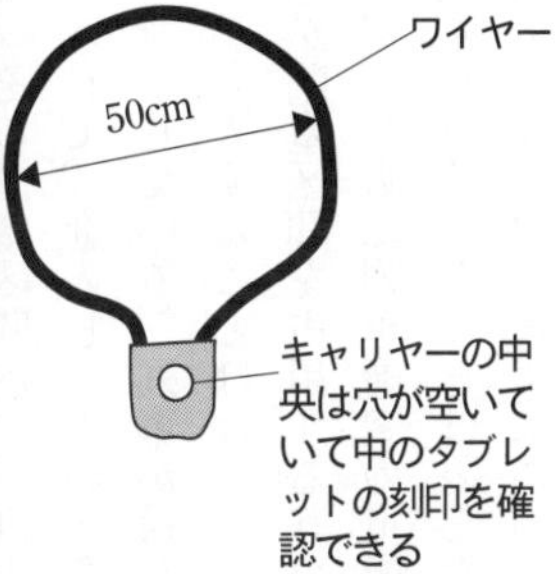
ワイヤー
50cm
キャリヤーの中央は穴が空いていて中のタブレットの刻印を確認できる

受け渡しのためにキャリヤーに入れて持ち運ぶ。走行中でも受け渡しが出来るように丸いワイヤーがついている

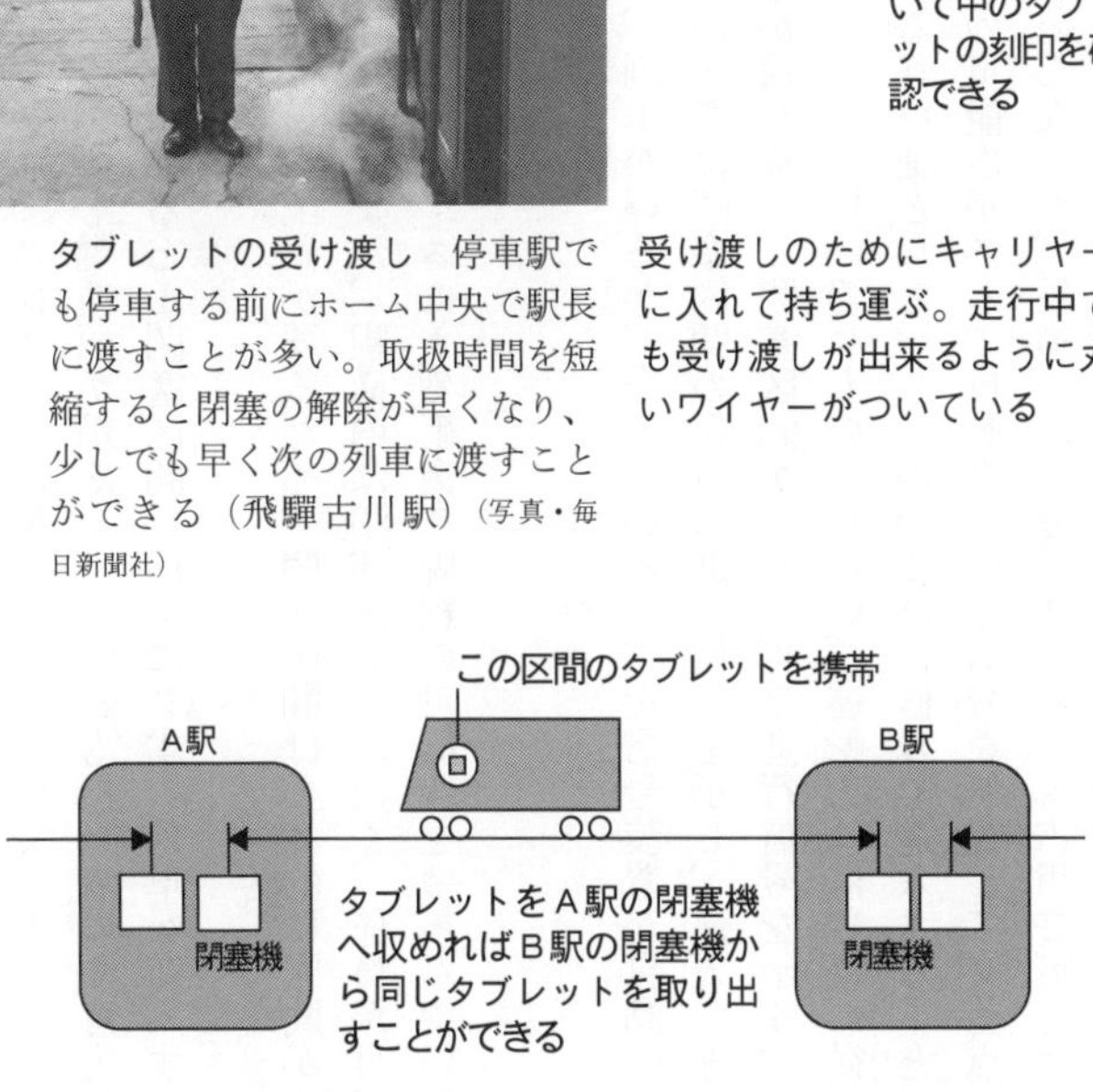
この区間のタブレットを携帯
A駅
B駅
閉塞機
閉塞機
タブレットをA駅の閉塞機へ収めればB駅の閉塞機から同じタブレットを取り出すことができる

タブレット閉塞の模式図

突の危険性がある。現実に閉塞の取り扱いミスによる正面衝突や追突はいくつも発生している。

非自動の方式はタブレット方式のほかにも幾種類かがある。いずれも担当者の注意力によって安全を保っているので、誤りや錯覚があると1閉塞区間に同時に2本の列車が進入する可能性がある。

非自動の方式は閉塞区間の境界に係員の配置が要るため、閉塞区間は必然的に駅間が1単位となり、細かく区分することはできない。また、駅構内は閉塞区間ではなく、係員が目視で確認して信号機を扱っている。これも係員のミスによる衝突や脱線の可能性をはらんでいる。

自動の閉塞方式

自動方式は、その閉塞区間内に、列車がいるか、空いているか、を信号装置が自動的に検知する。それに応じて、進入してよいときは閉塞区間の入口に進行信号を示し、進入できないときは停止信号を示している。列車が通り抜けて閉塞区間が空くと再び進行信号を示す。

係員の操作が介入することはなく、取り扱い誤りも発生しない。運転士は信号機に従えばよく、進行信号が閉塞区間を占用する許可証となる。したがって停止信号で進入することは無許可進入となり、ただちに列車衝突の可能性がある。自動車では赤信号を無視して交差点に突入しても、ただちに事故になるとは限らないが、鉄道では自分が注意しても占用許可を受けた他の列車がそのような予想をせずに走っている。鉄道信号は道路と異なって違反を許さない絶対命令である、というのはこの根拠による。したがって鉄道では停止信号を行きすぎたのみで事故として取り扱われる。

閉塞区間の境界には信号機と関連機器を置けばよく、駅間をいくつにも区切ることが可能である。細かく区切れば運転間隔の短縮ができて、列車回数を増やすことができる。自動方式では駅構内も閉塞区間となり、この区間への進入も信号機の指示による。

信号機は自動的に作動するほか、係員の操作によることもできる。ただし、信号設備による保安条件が優先であり、進行条件のとき停止信号にすることはできるが、反対に停止条件のとき進行信号にすることはできない。

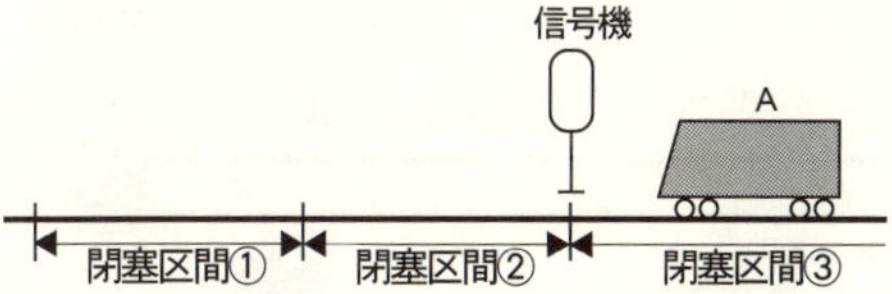

自動閉塞　②は空いているので入口の信号機は進行信号（進入許可）となっている。列車Aはこの信号機を確認して②へ進入する。Aが②へ進入すると信号は停止信号（進入禁止）となって他の列車を進入させない。Aがさらに①へ進んで②が空くと信号機は再び進行信号（進入許可）となる

代用の閉塞方式

信号関係の故障や工事などで自動閉塞方式が使用できないとき、臨時に非自動の閉塞方式を行うことがある。最も多いのが通信方式で、A駅を出発した列車がB駅に到着したことを確認して次の列車をA駅から出発させる方式である。両駅担当者の連絡によって安全が確保されるが、連絡

ミスによって2本の列車を進入させ、衝突事故を起こした例がいくつもある。こんな単純な確認を誤るというのは信じられないが、混乱時には人間の注意力が想像以上に低下することの実証であろう。

軌道回路

自動閉塞方式では、閉塞区間に列車がいるかどうかを信号装置が検知する。左右2本のレールを電気回路として利用するシステムで、この回路を軌道回路と呼ぶ。区間の終端から1本のレールに送った電流は始端の検知器を動作させてもう1本のレールを通って終端へ帰って来る。これによって閉塞区間に列車がいないと確認し、入口の信号機に進行信号を示す。

列車が進入すると、車軸が左右のレールを短絡して電流が始端まで届かなくなる。このため

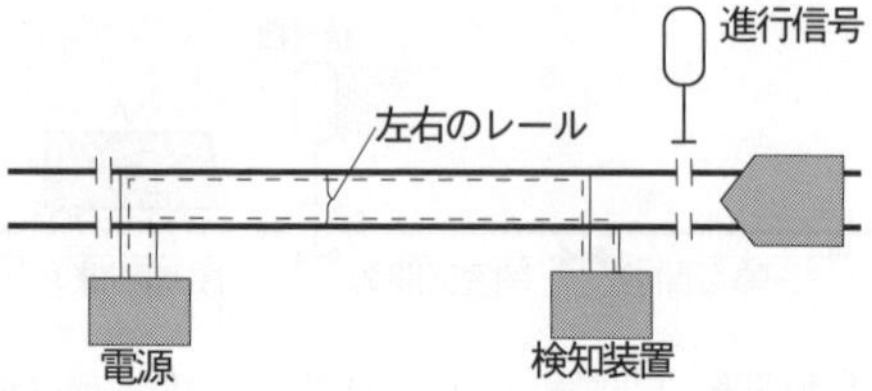

電源からの電流は- - -を流れて検知装置へ届き、この区間が空いていることを確認して信号機に進行信号を出す。

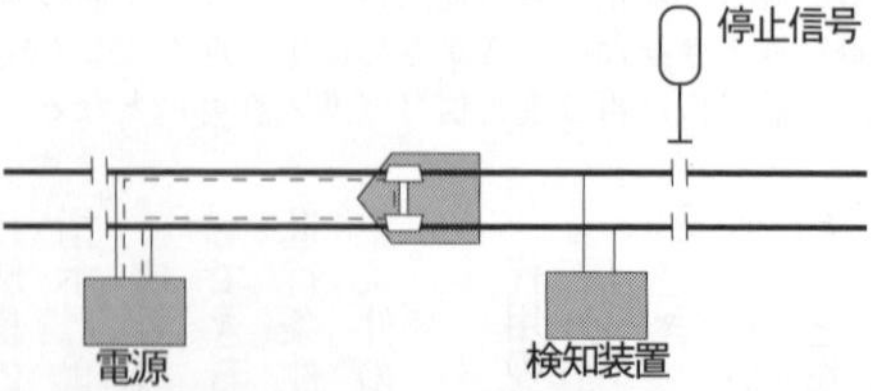

この閉塞区間に列車が入ると車軸が左右のレールを短絡する。電流は- - -のように流れ、検知装置に届かない。このため、この区間に列車がいると確認して信号機に停止信号を出す。

軌道回路

検知器が不動作となる。これによって区間内に列車がいると判断し、入口の信号機に停止信号を示す。

列車がその区間を抜けると短絡がなくなり、検知装置が動作して再び入口の信号機に進行信号を示す。

以上は単純化した説明で、実際にはいろいろな条件が組み込まれる。

レールの回路が絶たれると車軸による短絡と同じ現象となり、停止信号を示す。レールが折損するとこの状態となるので、列車の安全面でも役立っている。事実、レール折損が見つかるのは信号機の異常報告からであることが多い。

軌道回路を構成するために、レールは電気的につながっていなければならない。そのため継目にはこの接続配線を設ける。電気鉄道では走行用電力の回路としてレールをつないでいるので、それを共用する。閉塞区間の境界では軌道回路の電流を厳重に区分しないと信号機の誤動作となる。このため走行用の動力電流のみ通して信号用の電流を絶縁する設備が設けられる。

2　信号機の種類

信号機は閉塞区間に進入する許可証であることを述べた。進行信号を見た運転士はそのまま進入することができる。さらに信号機は進入・停止を指示するだけでなく、どのルートへ進入

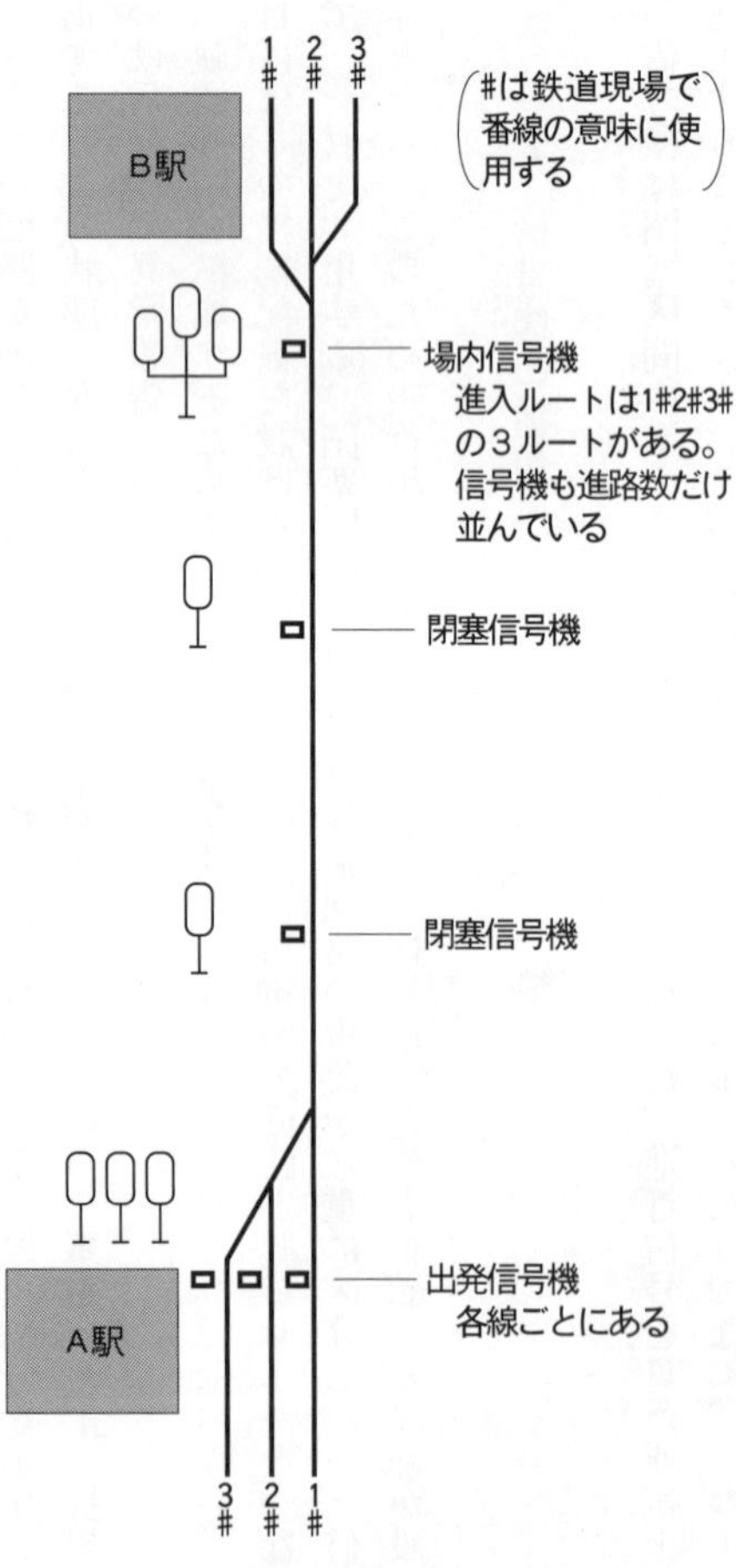

場内信号機、出発信号機、閉塞信号機の配置

するのか、制限速度はいくらか、などの指示もしている。信号機別に説明しよう。

信号機の現示

「現示《げんじ》」とは信号機が表示する信号の内容をいう。「表示」とは異なる意味で使用するので区別のために鉄道部内で使用している。

現示には色灯式と灯列式がある。赤・緑などの色で表示するのが色灯式であり、2個以上の灯の並びを縦・横・斜めと表示するのが灯列式である。

場内信号機

駅への進入を指示する信号機を「場内信号機」という。場内信号機は閉塞区間が空いていることの保証のほか、分岐器がどのルートに向いているかを運転士に知らせる必要があり、この指示を信号機で行っている。場内信号機および次項の出発信号機の設置方法にはルートシグナル方式とスピードシグナル方式がある。

場内信号機　信号機は3基であるが右端は進路表示機により2進路を現示するので進入ルートは4進路である。進路表示機のカギ矢は白色灯の灯列により、⅂|「の3方向で現示する。進路表示機の左の垂直2灯は手信号代用器（糸崎駅）

ルートシグナル方式は、ルートの数だけ信号機を設置する。運転士は信号機を見て何番線に進入するかというルートを知り、そのルートの制限速度などに従って進入することになる。各線の制限速度は運転士が知っているのが前提である。線路数が増えると場内信号機が多く並ぶことになり、運転士の信号確認の負担が増え、信号誤認の要素が増えることになる。

多くの路線がこの方式を採用している。

スピードシグナル方式は信号機1本のみで、そのルートの制限速度を指示するものをいう。この場合、信号機の指示速度で進入すれば制限速度を超える心配はないが、運転士はどのルートに進入するのかわからない。自分の予定進路と異なるルートが設定されていても気付かないことになる。むろん安全の面では心配ない。

新幹線、山手線などのATC（後述）の車上信号方式では信号機構のためにこの方式となっている。

出発信号機

駅からの進出を指示する信号機を「出発信号機」という。閉塞区間が空いていることと、進路の分岐器が自分のルートに開通していることの保証である。線路数が多いと出発信号機が並ぶことになり、曲線などでは間違わないよう運転士の負担が増える。隣接線の信号機を誤認して出発した事故例はいくつもあり、設置に当たっては細心の注意が必要な信号機である。

単線区間の出発信号機にはもうひとつ重要な役目がある。相手駅の出発信号機との連動である。閉塞区間が空いていることを両側の駅から確認できれば、双方から同時に発車させる可能性がある。このため相手駅の出発信号機が停止信号であるという条件で、自駅の出発信号機に進行信号を示すことができる機構となっている。これによって双方から出発するという正面衝突の原因をなくしている。

進出ルートが複数ある場合は場内信号機のようにルートを知らせる必要がある。前に述べたように、ルートシグナル方式ではルートの数だけ信号機が並ぶし、スピードシグナル方式では進出ルートがわからない。

進出ルート複数の信号機は路線の分岐駅などで目にすることができる。例として、JR上野《うえの》駅には東北本線と常磐《じょうばん》線の両方へ進出できる線路があり、JR大阪駅では東海道本線のすべての線路が外側線と内側線の両方へ進出することができる。

出発信号機　岡山駅の3番線上り出発信号機を示す。ルートは2進路であり、右上が山陽本線へ、左下は津山線へ進出する。下部は入換信号機

閉塞信号機

駅間にある閉塞区間の信号機を「閉塞信号機」という。場内信号機や出発信号機と異なり、分岐器の条件がないので閉塞区

間が空いていれば自動的に進行信号を指示する。また単線区間では、対向列車があってはならないので反対方向の閉塞信号機はすべて停止信号を現示する。

駅への進入と進出は場内信号機と出発信号機によると述べたが、分岐器のない駅ではその機能は不要である。したがって駅への進入と進出を指示する位置にあっても閉塞信号機でよい。この場合、実質は閉塞信号機でも駅による操作を可能とした場合は名称のみ場内・出発としている例もある。

中継信号機　灯列式で白色灯３基の並び方で現示する。水平－停止、斜め－制限、垂直－進行（里庄駅）

中継信号機

信号機の見通し距離が短いと、運転士の操作が間に合わないことがある。そのような場合に中継信号機が設けられる。見通しの補助であって、信号機としての機能は持っていない。

遠方信号機

場内信号機の現示を列車に予告するもので、機能は中継信号機と同じである。場内信号機から充分な距離を置いて設けられ、形態は閉塞信号機と同じ色灯式である。この予告により、場内信号機が停止信号でも列車は余裕をもって停止操作を行うことができる。

分岐器と信号機の連動

閉塞区間に分岐器がある場合、分岐器が進路方向に転換していなければ列車は進入できない。もし進入すれば脱線や分岐器破損に至り、それのみで済まず他の列車と衝突して大事故となった実例は多い。

場内信号機や出発信号機の閉塞区間には分岐器がある。したがって進行現示の条件として、他の列車がいないことに加えて分岐器の開通（所定方向に転換していること）が加わる。順序としては、分岐器があるので閉塞信号機と区別するため場内・出発信号機の名を設けたともいえる。

当然ながら、分岐器を転換するときは、信号機を停止現示としなければ分岐器が動かない鎖錠が設けてある。

信号機の停止定位と保留現示

停止定位とは、信号機を進行条件であっても停止現示としておき、列車を進行させるときのみ進行現示とするシステムである。倉敷駅においては、上り列車は山陽本線と伯備線が合流して出発するため、一方を出発させるときは他方を停止現示にする必要がある。このわずらわしさと取り扱いミスを防止するために、双方をいつも停止現示としておいて列車を通す場合のみ進行現示とする。

このシステムは必要に応じて採用されており、駅単位の場合と信号機個々を指定する場合がある。駅単位ではその駅に所属する全部の信号機が停止定位となり、信号機指定ではその信号機のみ単独で停止定位となる。

停止定位の駅に列車を進入させる場合、出発信号機は停止現示のままなので場内信号機は注意現示となり、列車は不要な速度低下を強いられる。最近はこの無駄をなくすためにJR大阪駅など配線の複雑な駅も進行定位に変わっている。どの鉄道も同じであろう。これは操作を人の注意に頼らず、ダイヤに従って自動設定する機能が付されたことで採用が促進されている。なお、ほとんどの駅は停止定位ではなく、信号機は常に進行現示で列車を待っている。この方式を進行定位という。

保留現示とは、列車が閉塞区間を通り抜けて再び進行条件となっても、停止現示のまま保つシステムをいう。停止定位の場合は、進行現示として列車を通したあと再び停止現示に戻す操作が必要となる。このわずらわしい作業を自動的に行うためのシステムである。係員は次に必要になったときに進行現示の操作をするのみでよく、列車が通るたびの復帰操作から解放される。

無閉塞運転

鉄道の信号機は進路の保証であり、違反は絶対に許されないと述べたが、実は信号違反を公然と認めている場合がある。これを「無閉塞運転」という。これは閉塞区間に2本の列車を入れることになり、占用の原則がくずれることになる。

無閉塞運転では、閉塞信号機の停止信号で停車した列車に、一定時間の経過などの条件を付して進入を許している。この場合は信号機に頼れないので、運転士が前方を注視することで安全が保たれている。つまり道路交通と同じ条件になる。先行列車に追いつく可能性が大きく、ブレーキによる停止距離を考えれば、文字どおり歩くような速度で前進することになる。

国鉄時代の主要幹線の貨物列車は上り勾配で停車しない想定で牽引させたため、上り勾配で停車すると起動不能となるおそれがあった。このため、指定箇所では停止信号でも停まらずに、無閉塞で進入するのを認めている例があった。例として挙げれば、広島県内の山陽本線本郷《ほんごう》〜河内《こうち》の第10閉塞《へいそく》信号機、安芸中野《あきなかの》〜瀬野《せの》の第1閉塞信号機などで、いずれも最大勾配で急曲線が競合している箇所である。

トンネルなど見通しの悪い場合は無閉塞運転を禁止している区間がある。瀬戸大橋では橋の荷重制限のため1区間に2本の列車を進入させられないので、無閉塞運転を禁止している。細心の注意を払っているはずだが、無閉塞運転による追突事故は絶えない。なぜこのような危険な方式を行うかというと、列車が駅間に停車したままとなる事態を避けるためである。信号設備はフェールセーフの考え方なので、原因がなんであれトラブルがあったときは停止信号を示すことになる。その場合、信号システムの復旧まで列車が動けないというのは現実的でない。

無閉塞運転による追突事故が続いたため、運転士の判断のみでなく指令と打ち合わせを行って実施する方式も採用されている。

場内信号機と出発信号機は進路に分岐器があり、向きが不明なままで進入すると脱線事故や分岐器破損につながる。したがって場内信号機と出発信号機は無閉塞運転を行うことができない。

分岐器の安全性

列車は分岐器が安全な向きに転換されている前提で運転する。分岐器が自分のルートに開通していないと、異なる線路に進入するか、分岐器を破損することになる。分岐器の向きが異なると信号機が停止現示を示すはずだが、それでも列車が進入する可能性は0ではない。

最も可能性が高いのは、進行現示の信号機に列車が接近したとき、信号機を停止現示に変えて分岐器の転換を行うことである。運転士が直前で停止現示を認めても高速度であれば信号機までに停車できず、停止現示を冒進《ぼうしん》して分岐器の位置まで進行してしまう。

この危険を避けるため、列車がある距離に接近したとき、信号機を停止現示にしても分岐器は鎖錠されて動かないシステムとなっている。この距離はＪＲ山陽本線の平均では約２０００mとなっていて、この数字は路線の状況や列車の速度で大幅に異なってくる。

この場合、どうすれば分岐器を動かせるのか。それは停止現示としてからの時間によって定めている。ある時間が経過すれば、列車は信号機の急変を見て停止したか、進入して分岐器を通過しているか、ともかく危険な状態ではなくなる。この時間は状況に応じて設定されるが２分程度が標準である。

列車がちょうど分岐器の上に停まる可能性もある。この場合は軌道回路が検知するので分岐器はロックされて動かない。

他にも鎖錠の条件は多くあり、諸々の条件を全部クリアすることで信号機は進行現示を示すことになる。すなわち完全な保証を与えられたことになる。このことからも鉄道の信号機が道路と違って絶対条件の指示だということを理解できよう。

入換信号機の現示　白色灯水平点灯は停止現示を、斜め点灯は進行現示を示す。上の紫灯は入換信号機であることを示し、下部のカギ形は進路表示機で左方向を示している（糸崎駅）

車上信号

ここまで、信号機は線路脇に立っているものとして説明してきた。進行信号が閉塞区間への進入許可である以上、信号が見えなければ進入することはできない。濃霧などのとき、信号確認のために速度低下して列車が遅れるのを経験された方も多いと思う。

このような地上信号に対して、運転室に信号を現示する車上信号の方式もある。運転士は前方の信号機を注視する負担から解放される。地下鉄や都市の高密度運転での採用が多い。JRでは新幹線のほか山手線などに採用されている。新幹線が濃霧でも速度低下せず平常運転を行えるのは車上信号システムのおかげである。

車上信号はスピードシグナル方式が多い。現示は地上信号機のような色灯方式でなく、制限速度をそのまま表示する。現示は90信号、30信号、0信号などと呼ぶ。0信号とは停止現示のことである。ほとんどが速度計に併設されているので、運転室を覗けば、車上信号が速度指示として現示される様子を見ることができる。また、信号が変わったとき運転士に知らせる警報を併設している。運転室から聞こえる「チン」という鋭い音を聴かれた方も多いだろう。

入換信号機

通常の本線上の走行に必要な信号についてこれまで説明した。これら以外にもさまざまな信号機がある。ここでは入換《いれかえ》信号機と誘導信号機について説明しよう。

駅構内で車両を移動させることを入換という。入換は係員の指示（合図）によって行うのが普通で、運転士が合図を見ながら入換している光景は珍しくない。

その入換も合図でなく入換信号機によるものがある。分岐器の転換方向と区間が空いている条件で入換信号機に進行現示を出し、運転士が確認して進入する。考え方としては本線の閉塞方式と変わらない。

構内で進路数が多いため、後述する進路表示機を併設しているものが多い。

入換標識

入換信号機とよく似たものに入換標識がある。これは分岐器の転換方向のみを表示するもので、入換のときに係員が確認する。運転士に合図や指示をする前の進路確認である。分岐器が正常方向ならば脱線事故や破損事故を確実に防ぐことができる。

誘導信号機　最下部にある斜め２灯の灯列式が誘導信号機。このように２灯とも消灯していれば停止現示であり、２灯が点灯すれば進行現示となる（岡山駅）

誘導信号機

ホームで増結作業を行うときなど、誘導信号機による運転がある。ホームに車両がいると場内信号機に進行信号を出すことができない。このために、前方に車両がいることを承知の条件で進入を許可するのが誘導信号である。

増結のときは、誘導信号機によって先にいる編成の手前まで列車を進入させる。すなわち区間の占用という条件を欠くので無閉塞運転と同じ安全度となる。ホームの編成の手前に停車したあとは、係員の指示で連結作業を行えばよい。

長所として無駄な入換をする必要がなく、停車時間の短縮を図ることができる。また増結車を早くホームに置けるのでサービスの向上となる。

進路表示機

場内信号機の項で述べたように、進入するルートが多いときは信号機がずらりと並ぶことになる。設備の簡素化と運転士の負担を少なくするために進路表示機を併用する場合がある。これは信号機を複数ルートに共用させ、添装《てんそう》する表示機で進路を示すものである。

ＪＲ岡山駅では、場内信号機6ルートのうち3ルートを共用して信号機を4基で済ませていた。

共用するのは通過列車のないルートであり、低速進入のため現実に支障はない。逆に高速進入のルートはかえって運転士の負担が増えるのと、誤ルートの場合の対応が間に合わないため、使用例は少ない。

ＪＲ中央線の実見では、快速線の新宿駅上り場内信号機は1基として進路表示機で5番線から11番線まで表示している。

進路表示機　信号機を複数ルートに共用するとき、その進路を表示する。運転士はずらりと並んだ信号機を判断する負担から解放される

現示方式は灯列のカギ矢印で左・中・右の3ルートを示す場合と、数字を表示する場合がある。確認距離は200ｍとされており、発光ダイオードの採用によって数字方式が増えている。

進路予告機

進路予告機は、次の信号機のルートを

進路予告機　信号灯の下の水平白色２灯が進路予告機。左から消灯、左灯点灯、両灯点灯（中庄〜倉敷）

運転士に予告するものである。高速で通過するときは誤ルートの現示があったとき緊急停止しても信号機までに停止できないことがあり、次の信号機のルートを早めに知りたい。行きすぎても危険はないが、その後のダイヤ混乱を想定すれば運転士に予告するのが一番の防止策である。

現示方式は白灯2基の点滅による。左点灯・左右点灯・右点灯の3ルートに分類して予告できる。確認距離は２００ｍとされている。

現示の種類

今まで「進行信号」という言葉を使ってきたが、これは「停止現示以外の信号」という意味で、制約を受けるすべての現示を含んでいる。これらは「進行してもよい」という条件指示で、「進行せよ」という行動指示ではない。現示にはいろいろな条件が付帯する。この場合の条件とは速度の制限が主である。

運転中に停止現示を見た場合、運転士はその手前に停車すべきであるが、信号機の見通し距離や列車の速度によっては不可能な場合がある。そのために運転士に予告する必要がある。最も普遍的なものは、停止現示の手前の信号機に注意を現示する方式である。運転士はその次の信号機が停止現示であることを予期して運転するので、スムースな停止手配を採ることができる。

閉塞区間が短くなると、1区間手前の信号機で予告したのでは間に合わないことがある。その場合は現示の段階を増やす方法による。一般的なものとしては、進行（緑）→減速（緑黄）→注意（黄）→警戒（黄黄）→停止（赤）、の5段階の方式である。大都市圏の路線では見慣れ

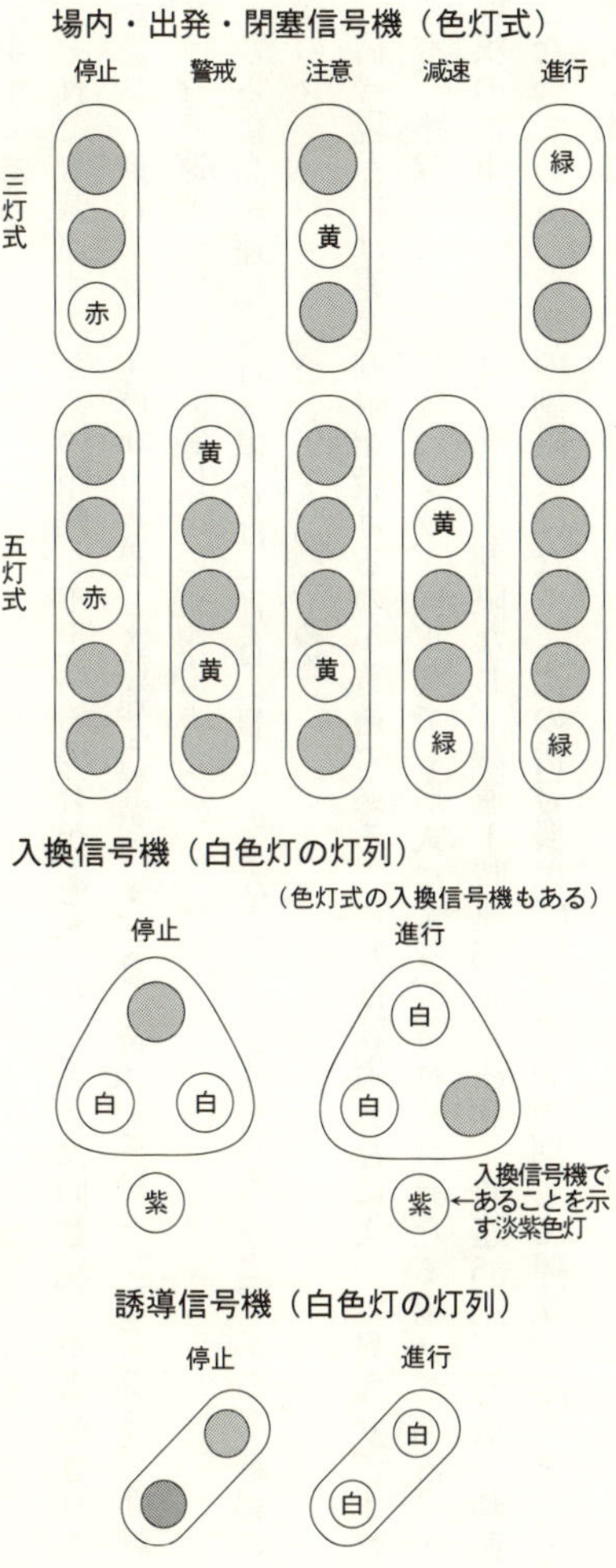

た現示であろう。

それでも減速するための距離が不足する場合がある。その場合は同じ現示を重複させることがある。進行（緑）↓減速（緑黄）↓減速（緑黄）↓注意（黄）、といった例である。新幹線のような高速運転では3区間以上の重複もある。

さらに高速運転を行う場合は「進行（緑）」の上位の信号を設けることがある。緑緑の2灯、緑のフラッシュ（点滅）などの例がある。

信号現示には速度制限を設けるのが普通である。これは鉄道会社によって異なり、また社内でも、路線により、車種により、同車種でも形式により、それぞれ異なる場合がある。JRの幹線の電車の一例では、進行－制限なし、減速－時速75km、注意－時速55km、警戒－時速25km、となっている。数字の制限ではなく「次の信号機に〇〇現示を予期して運転する」といった定め方もある。

信号機の取り扱い

信号機を扱うのは誰だろうか？　閉塞信号機は自動だから機械的に現示している。場内信号機と出発信号機は自動作動のほか、係員が操作することができる。特に分岐器の転換は係員が信号機に停止信号を現示しないと行えない。

この信号扱所は各駅に置かれているが、線区の各駅を指令所でまとめて遠隔操作する方式が増えている。この方式をCTCという。列車集中制御（Centralized Traffic Control）の略称である。多くの現場の装置を集中することで、効率向上と費用低減を図ることができる。また混乱時には、全体の状況を見ながら列車の運転を指示するほうがダイヤの正常復旧のために有利である。東海道・山陽新幹線は東京〜博多《はかた》のすべての信号扱いを東京の指令所から行っている。

この集中方式は、必要に応じて現場の駅での取り扱いに切り換えることが可能となっている。

緊急停止信号

緊急事態のとき、信号機を停止現示とするシステムは多くの鉄道で採用されていて、係員はワンタッチで操作を行うことができる。車両の運転室や駅の業務室のほか、ホームに設けられた緊急スイッチは乗客も扱うことができる。

新幹線では、信頼性と速報性を重視して緊急時には架線停電を行う方式を併用している。列車は架線停電を緊急停止現示と受け止めるシステムである。

信号誤認の防止

鉄道では信号機に絶対服従であるが、運転士の信号誤認を0にすることは困難である。かえって単純な確認であることが意識低下の原因にもなっている。対策として、ミスを防ぐために確認したことを声に出したり、指差しすることが励行されている。客室でも「第3閉塞進行」

などという声を聞くことがある。

理論と永い経験によって効果が立証されているものだが、鉄道によっては運転士が休むヒマがないほど連続して行っている例がある。腕を振り回し、大声を出すことは意識付けには有効だが、回数が増えるほどマンネリ化することも心配しなければならない。

ほどよい刺激が脳を活性化するのであって、慣れすぎて反射的に行うのでは人間の判断の誤りを防止するにはマイナスであろう。マリオネットのような運転士を見ると、この鉄道はこうした動作が多いほどよいと勘違いしているのでは、と気がかりである。

3 踏切警報機

鉄道が外部の影響を受ける唯一の箇所が踏切である。踏切では列車の接近に応じて道路交通を確実に遮断するために、さまざまな仕組みによって安全を確保している。

踏切の種別は第1種から第4種まであり、第1種は警報機と遮断機があるもの、第3種は警報機のみあるもの、第4種は防護装置がないもの、と分かれている。第2種（時間を指定して遮断機を動作させる）は廃止されたので現在は見られない。

踏切名は道路向けと運転士向けに必ず記してある。

防護装置として遮断機と警報機はおなじみであるが、これらは鉄道側の負担で設置と管理が行われている。通行の優先権があるのだから当然であろう。

警報機の動作は次のとおり定められている。

①警報の開始から遮断桿《しゃだんかん》が完全に降下するまでの時間は20秒を標準とし、最短でも15秒を確保する。線路数の多い踏切は通行者が渡りきる時間が延びるため、その時間を上積みして警報が早く鳴り始める。

②遮断桿が降下してから列車の前頭が踏切を通過するまでの時間は15秒を標準として、最短でも10秒を確保する。

警報の始めと終わりは列車の位置を検知して行う。警報開始を検知する箇所を始動点、警報終了を検知する箇所を鳴止点《めいしてん》と呼ぶ。

始動点の位置を決めても踏切までの所要時間が速度によって異なるので、最も速い列車でも最短時間を確保できるよう始動点を決定するのが普通である。そのため低速列車の場合は警報時間が長すぎることになる。列車速度の違いで修正する方法もあるが、始動点を通過したあとに速度が変化する場合も多いので採用は難しい。

列車の検知はレールの軌道回路によって行う。信号機用の軌道回路と異なり、周波数が高いので少し離れると放散して電流が消えてしまう。有効な区間長は20ｍ程度であって点の検知として作動する。始動点に列車が乗ると警報が鳴り始める。

鳴止点は踏切である。警報中の踏切を列車が通過し終わると警報が終わる。始動点とは異なり、列車が乗っただけでは警報はやまず、乗ったあとに通過し終わって作動する。したがって始動点のトラブルで警報の不作動があっても、列車が踏切に乗っている間は無条件に警報が鳴る。

列車回数が多いと、列車が踏切に達しないうちに続行列車が始動点を通過することがある。このために列車本数を記憶する装置を警報装置に設けている。

4 ドア

乗客の安全を守る設備として自動ドアがある。乗務員が扱うので乗客には関係ないといえそうだが、そうではない。

ドアは車掌が扱うスイッチによって作動する。動力源は空気式が多く、トラブル発生時にはドアが閉じるフェールセーフの構造である。走行中にドアが開く危険性を想定すれば当然であろう。しかし列車火災のときドアが閉じたままとなって、多くの死傷者を出した事故のあと、客室からドアが開けられるように非常装置が設けられている。これらは動力源である空気を抜いて、手動でドアが動くようにするシステムである。

最近は動力源を電気式とした形式が増えつつある。空気配管が不要となって簡素化と軽量化に役立っている。

ドアが閉じる力は平均して60kgであり、人力で開けるのは難しい。閉じてからこの圧力になるまで約2秒の時間を置いている。衝動緩和と傷害防止のためである。

新幹線では客室気密のため、閉じたあとにドアを車体に密着させる構造である。ドアの傍《そば》にいれば発車後と停止直後に動作音を聞くことができる。

走行中のドアが開かないための機構として戸じめ保安装置がある。

速度が時速4〜6km以上になると電気回路を開放する。万一、電気回路のトラブルによりドア開の指令が出ても、各車が受け付けない。また車掌がドア開きの操作を行っても無効である。

5　保安機器

運転士をバックアップするために

運転士が使用する保安機器を説明しよう。

どのような方式によっても保安機器は運転士をバックアップするものであり、安全な運転を行う責務は人間である運転士にある。

保安機器を設置したために運転士の負担が増えるのでは本末転倒である。実際にあった例として、停止現示のATS警報に対処していてブレーキ時機を失し、事故に至ったものがある。

運転士が正常な運転操作を行っているかぎり警報が出ないのが望ましい。現状は充分とはいえないが、今までも将来もその方向に向かって改良が続けられている。

マスコンのバネ

電車のマスコンは、力行中ずっと手で持っている形式が多い。手を離すとバネの力によってオフ位置へ戻って力行は終わる。列車を停止させる機能はないが、運転士が意識不明になったとき力行を続ける心配はなくなる。

路面電車の手動マスコンは戻らないが、あの重い操作ではバネで戻すのは現実的でない。新幹線は力行時間が長く、ほとんどノッチ投入しているので戻らない形が採用された。新幹線の高速運転では惰行はほとんどなく、停車駅接近のブレーキ直前まで力行を続けている。

EB（Emergency Brake）

運転士が居眠りなどで正常動作ができなくなったとき、列車を停止させる装置である。以前にデッドマンと称して、マスコンやブレーキのハンドルから手を離すと列車を停止させる装置が試用されたが、その発展型といえる。

運転士が何の操作も行わなかったとき、一定時間を経過すると警報を発し、運転士が応答動作を採らないと列車を停止させる。無操作時間は60秒、警報後の応答動作は5秒以内の設定が多い。

運転士が扱う機器はマスコンから汽笛まですべてが対象で、これらを扱うたびに無操作時間の計測は0に戻ってスタートする。警報への応答はどれかの機器を扱うか、応答用のスイッチを扱えばよい。運転士の負担が軽くなるようスイッチの形は工夫されているが、かえって単純な押ボタンのほうが負担が少ないようだ。

警報を鳴らさないように、常に応答スイッチをまさぐっているのを見ることがある。運転士をこういう心理に追い込むのは望ましい姿とはいえない。

ATS（Automatic Train Stopper）

ATS－Sの地上子　信号機の情報を車上へ送信するアンテナを地上子という。写真はATS―SのものでATS―Pのものはもっと小型である。カバーの色は警報用途によって分かれている

運転士をサポートする機器の代表にATSがある。直訳すれば自動列車停止装置となる。方式は多様であるが、JRのATS－SとATS－Pについて説明する。

(1) ATS－S（Sはstopperの意）

前方の信号機が停止現示のとき、列車に警報を送信し、運転士の応答動作がなければブレーキを使用して列車を停止させるシステムである。警報はけたたまし

いベル音なので客室にも聞こえる。

警報は線路内に置いた地上子（アンテナ）から車上装置へ送信する。警報位置は、最高速度で走っていても警報後のブレーキで停止現示の手前に停止できる位置とするので、信号の確認位置よりずっと手前になるのが普通である。

運転士が応答すると警報は解除され、あとは運転士の注意力で停止現示の手前に停車する。

この方式の欠点として、正常な運転をしていても警報を受けること、応答動作を行うと警報解除されて以後は無防備となり、運転士がミスをする確率は減少しないこと、が挙げられる。また、警報後に停止現示から進行してよい現示に変わっても列車には知らされず、運転士の警戒が空振りになり、不信の先入観を植え付けることになる。

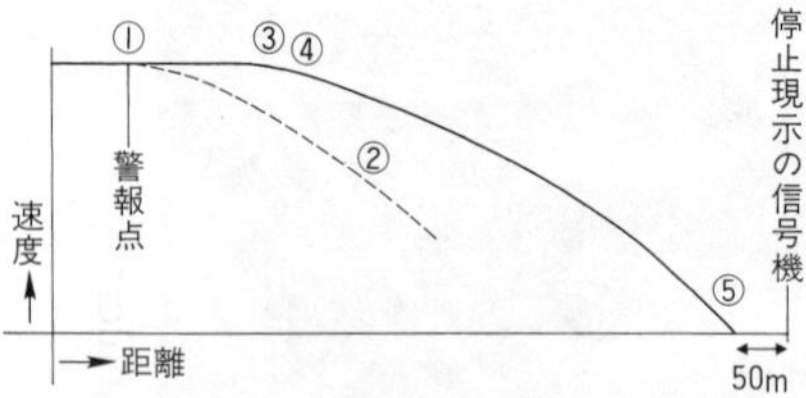

ATS－Sの模式図　①警報を受信してベル鳴動・赤色灯点灯、②運転士が応答してブレーキ使用、③警報に応答せず5秒経過、④ATSがブレーキを使用、⑤最高速度で走行していた場合でも信号機の50m手前に停止

これらの原因で、現実に信号事故を0にすることができなかったため、カバーする方法が考えられた。応答後も別の警報音を持続させ、信号が停止現示から進行してよい現示に変わったのを確認してから警報を消す方法、信号機の直前に応答動作で解除できない警報を設けて絶対に停車させる方法、などがある。

いずれも補足的な手段であり、この欠点をカバーするために次のATS－Pの採用が進んでいる。

（2）ATS－P（Pはpatternの意）

前方の信号機が停止現示であると、列車に警報を送信する。送信方法はS型と同じく線路内の地上子からであるが情報内容はずっと多い。受信した車上装置は自分の性能に応じて、停止現示の手前にスムースに停車するための減速パターンを設定する。これらは運転士に知らせる必要はなく警報は発しない。

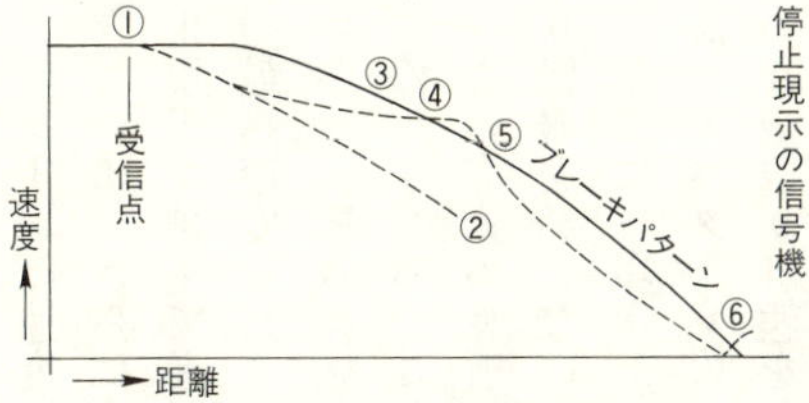

ATS－Pの模式図　①警報を受信してブレーキパターンを発生、②運転士がパターンを超えないよう、速度低下して運転、③速度がパターンに接近すると運転士に警報を発する（ベル・灯）、④パターンを超えるとブレーキ使用、⑤速度が落ちてパターン内に戻るとブレーキが緩む、⑥信号機の手前に停止した後、誤って発車するとパターンを超えるので警報発信、ブレーキ使用

運転士が信号現示にしたがって通常の減速を行い、パターン内の速度で運転すれば運転士への警報は発しない。速度がパターンに接近すると段階的に運転士に警報を発し、パターンの上にはみ出すと最終警報とともにブレーキが作用する。段階警報はピンともポンとも形容しがたい音に聞こえる。ブレーキにより速度が低下してパターン内に収まるとブレーキは緩む。

パターンは速度0まで設定されているから、列車が停止現示の手前に停車するまで警報が生きている。さらに停止後に誤発車しても、パターン速度が0のためブレーキが作用するから停止現示を越えて進行するおそれはない。

最高速度もパターンに含まれて常時生きているので、最高速度の超過も未然に防止している。さらに、後退検知の機能があり、マスコン指令方向（前進または後進）と反対に動くとただちに停止させる。これは上り勾配で列車が退行した事故例から設けられた。

この方式の長所は3つある。第一に、運転士が信号現示にしたがって正常な運転をするかぎり警報を発しないことである。運転士の不要な負担をなくす効果は大きい。

第二に、現示が変わった場合に取り消しや変更を列車に送信できることである。それにしたがってパターンの消去や変更がなされるので、警報を受けたのに信号現示は異なっていた、という空振り事態をなくすことができる。

第三は、停止現示のみでなく、速度制限を伴うあらゆる目的に適用できることである。たとえば、信号現示やポイントの制限が時速45km の場合、その場所までに時速45km に減速するよう減速パターンを描いたあと、時速45km パターンを続けて、制限箇所を通過後に解除すればよい。曲線の速度制限も同様である。工事のための臨時の速度制限にも適用できる。

最近に起きた曲線での速度超過事故のため、速度制限に対する警報の設置は急速に進んでいる。

ＡＴＣ（Automatic Train Control）

ＡＴＣを採用している典型に新幹線がある。直訳は自動列車制御装置となる。地下鉄やＪＲ山手線など都市圏の鉄道では多く見られる。

ＡＴＣは信号現示とすべての速度制限に対して運転士をバックアップする。速度制限には最高速度を含むので、運転中は全区間で動作していることになる。制限を超えればブレーキが作用し、制限以下に戻ればブレーキは緩む。

したがって運転士が信号現示と制限を守って正常な運転を行っているかぎり、ＡＴＣによるブレーキは動作せず、その存在を意識することはない。

しかし、速度制限のためのブレーキを運転士が操作すると、ＡＴＣの設定速度に抵触しないよう少し低い速度で通ることになる。これを無駄と考えれば、ＡＴＣのブレーキによって速度を落とす方法が最も効率がよいことになる。現実にこの方法による鉄道が多く、途中の速度制限に対するブレーキはＡＴＣに任せて、運転士がブレーキを扱うのは駅に停車する場合のみとなる。

ただし、運転士がなにもしなくてよいわけではなく、ＡＴＣによるブレーキが作動すれば自分もブレーキを使用するよう指導しているものが多い。これは運転士の意識付けとともに、制限以下に落ちたときＡＴＣがブレーキを一気に緩めて衝動が発生するので、緩めをソフトに行うためである。

ブレーキをＡＴＣに任せるもうひとつの理由がある。ＡＴＣの車上信号は現時点の制限を現示するので、運転士は事前に次の区間の現示を見ることができない。通常の運転では速度制限がわかっているので抵触しない速度で運転できるが、速度制限手前での減速と、予期できない制限現示があったときは、ただちにＡＴＣがブレーキを使用するので運転士のブレーキは後追い作業となる。これはシステム上からやむを得ない。

ＡＴＣには力行を制御する機能はないので、力行は運転士が制限速度を超えないようにマスコンを操作することになる。その時点における制限速度は車上信号として常に計器盤（速度計）に表示されている。

後退禁止機能があるので運転士が任意に後退することはできない。後退はわずかの距離でも指令の許可を得て行うことになる。

在来のＡＴＣは、停止現示に接近すると手前の速度制限現示のたびに階段状に速度を低下していた。ＡＴＣはその都度ブレーキと緩めを機械的に繰り返すので舟漕ぎブレーキと同じような不快感があり、サービス上からも好ましくない問題であった。最新の方式では階段状でなくブレーキ力をほとんど変えずに停止位置まで進むように改善されて、ギクシャクとした衝動は軽減されている。これは無駄な時間と距離の節約になり、列車間隔の短縮にも寄与している。

ＡＴＯ（Automatic Train Operation）

保安装置の将来像としてＡＴＯがある。自動列車運転と訳す。発車から停止位置に停まるまで、設定に従ってすべての操作を自動的に行う。現在の制御技術で可能であり、仙台市営地下鉄などのようにすでに部分的に採用している鉄道もある。

問題点は運転士の意識面である。何にもせずに前方を見ていればよいのか、自分が運転しているという意識と責任感が得られるのか、といった点が指摘されている。これらを克服できれば採用が増えることだろう。

さらに、ＡＴＯにトラブルがあったとき、運転士が対応できなくては困る。ＡＴＯを使用している鉄道でも、運転士による運転の練習はふだんから欠かせないという。

投入開放の失念

ＡＴＳなどの取り扱い誤りに使用失念がある。運転開始のときスイッチを「入」とするのを忘れることである。せっかくの保安機器を使用せずに運転することになる。落ち着いて確認をと指導されているが、遅れなど他のことに気をとられると、この穴に落ち込むことが多い。人間とは弱いものだと思う。対策として「入」にしないと力行ができない方式も採用が進んでいる。

反対にスイッチの切り忘れがある。後部や中間の運転室でスイッチが入っていると、自列車に関係ない警報を拾って列車を止めてしまう。これは事故には至らないものの、スイッチの「切」はその運転室に行かないとできないので列車の遅れが大きくなる。2分遅れれば1本の運休となる区間では事故と同じ結果となる。

運転士が乗務すれば強制的に「入」となり、乗務を終われば「切」とするシステムも考案されている。すなわち入・切を自動的に行う装備である。運転士の存在はキイなどで確認できるので難しい問題ではない。国鉄・JRでは117系が登場したとき試作されたが当時は採用には至らなかった。

保安機器の取り扱いは厳格に

保安機器は安全のための装備であるが、取り扱いを誤ればまったく役に立たない。ハード面では次々とレベル向上が図られているが、ソフト面が追いつかない感がある。国鉄・JRでは1960年代にATSが全線で使用開始されたが、その後もATSの取り扱い誤りによる事故は根絶できなかった。

原因は警報を受けた運転士が、ここで警報を受けるはずがない、何かの誤動作だろうと判断した例が多い。保安機器の警報より自分の常識判断を優先したことになる。運転士を釣り込ませる要素があったのは事実であるが、そのたびに疑わしきは安全側の判断をという指導が繰り返されてきた。

筆者の見聞した範囲では、ＪＲ発足に伴って正常ダイヤの確保がより重要視され、保安機器の警報によって列車を遅らせることは評価されなくなった面がある。つまり警報を受けても融通を利かせて遅れを最小にとどめることが好ましいという方針である。

規則とは、利用者にプラスをもたらすためにある。われわれも営業関係の規則はお客様のために柔軟に運用することがベストだと教育されてきた。それに対して、運転に関する規則は不便に思えても四角四面に運用することが最終的に無事故につながると叩き込まれている。

保安機器の取り扱いはその最たるものである。決められたとおりに取り扱い、それによってトラブルが発生すればその対策を考えるべきである。トラブルが発生しないように取り扱いの手加減をするのは厳に戒めるべきだと確信している。

最近はどの鉄道会社も保安機器の本質を生かすよう立ち戻っていると感じられて、好ましい思いで眺めている。過去の多くの苦い経験を無駄にしてはいけない。

6　列車標識

列車には前部標識と後部標識を掲出することが定められている。前部標識とはヘッドライトであり、後部標識とはテールライトのことを示す。どちらも昼間は列車の姿が見えるので省略してよいが、トンネルや地下区間では夜間方式にしなければならないので、昼夜の取り扱いを統一して常時点灯しているものが多い。点灯していれば白昼炎天下でも目立つので本来の目的に適《かな》っており、事故防止にも役立っている。

前部標識（前灯）

「前灯は列車の前頭を示す標識であり、運転士が前方を見るための照明ではない」。これが道路交通との基本的な相違点である。標識であるから、地上側に列車の所在や接近を知らせるのが目的である。鉄道の進路は列車しか通らない専用軌道であるので、閉塞区間の占用を保証されていれば、まったく前方を見なくてもよいことは先に述べた。曲線トンネル等では前方の様子はまったくわからず、照明を強化しても意味がない。

現実には不測のトラブルを想定して前方の照明を兼ねているが、自動車の進路確認とは目的も方法も異なる。

前部標識は「白色灯を1個以上」とされていて、灯の数はいくつでも構わない。位置も制約はない。地上から列車の接近を知るためには高いほうがよい。運転士にとっては自分より低いほうが前方注視の負担は少ないが、踏切連続など神経を使う場所の照明としては高いほうが望ましい。一長一短があって絶対的な優劣はない。

灯の一部が消灯しても1個が残っていれば法的には構わない。しかし前灯を保安機器と考えて修理手配や車両交換を行うのが普通である。

減光することも可能だが、自動車のロービームとは意味が異なる。自分が見るための照明ではなく、相手に知らせるための灯であるから、減光することは保安機器としての性能を落とすことになる。

減光は停車中に他への邪魔にならないよう行うものであって、走行中に安易に行うべきではない。現実には行き違いなどで減光する例を見かけるが、本来は減光してはいけない性格のものである。

前灯は形・数・位置ともバリエーションが多くいろいろ工夫がこらされていることがわかる。急行型電車の165系は白熱電球と大きなレンズで、いかにも灯でございますとの感があった（写真・読売新聞社）

貨車は電源を持たないので、後部標識は灯でなく反射板のものが多い。無閉塞で接近する列車へ知らせる標識であるため、大きな反射板を取り付けている

後部標識（尾灯）

後部標識は列車の最後部を示すもので赤色灯を掲出している。条件により2灯または1灯の区分があるが、取り扱いがわずらわしいので常に2灯を掲出していることが多い。

先に述べた無閉塞運転において、後部標識は追突を防止するために重要な保安機器である。このため後部標識の故障があったとき、続行列車の運転を制限する手配が採られる。

赤色灯でなく赤色の反射板を用いたものもある。貨物列車は最後部車に電源を持たないので反射板が使用されていることが多い。

入換動力車標識

本線を走る列車ではなく、駅構内で入換をする動力車も前後に標識の掲出を義務付けられている。車両の存在表示と接近の警告のためである。機関車のほか、電車や気動車は全車両が動力車と見なされる。赤色灯1灯であるが、後部標識と兼用のために2灯を掲出しているものが多い。

前部標識（前灯）を掲出すれば赤色灯を省略することができる。入換は構内作業なので進路の照明は安全のためにも有利であり、前灯点灯は現実的である。

またJRの新系列電車では作業合理化のため、運転士が乗務した箇所の後部標識が自動消灯する構造としている。後部標識の点灯を運転士に義務付ければ別の非常用スイッチを扱う操作が必要で、かえってミスの原因にもなる。

7　トラブルへの対処

事故訓練

事故防止は、異常事態に遭遇したとき慌てずに、その事態に適した処置ができるかどうかの一語に尽きる。

1人で責任ある立場にあるとパニック状態に陥りやすい。列車の安全を預かる運転士はその典型といえよう。「自分1人だけで相談する相手がいない」「不安な乗客に囲まれている」……こういうことに冷静に対処するためには教育と訓練によるほかにない。どの鉄道でも定期的な教育と訓練を行っており、その中でも実地の訓練はきわめて有効である。

人身事故についても、車両と人形と担架を用意して訓練を行う。当事者からは学芸会のようだと苦笑が漏れるが、本当に事故に遭遇したとき、この訓練が最も役に立ったとは経験者の弁である。単なる机上の設定ではなく、過去の苦い経験を重ねた状況を想定して行うから決して無駄ではない。

こういう訓練を定期的に行えば、長い間には基本的な動作がずいぶん身につくことになる。

「机上より実践」である。運転事故や車両故障についても同様である。ひとつの事故が起きても併発事故を発生させないための訓練は、どの鉄道もずいぶん力を入れている。これも経験者の伝承のウェイトがきわめて大きい。反面、いまだに机上の教育が主体という鉄道があることを伝え聞くが、そのままでよいのかと心配になることもある。

運転計画

運転士は誰の指示に従って運転しているのだろうか。答えはひとつ、携帯している時刻表である。それでは時刻表はどうやって作成されるのだろう？　毎日同じものを使用しているのだろうか。

列車の運転計画はまずダイヤが設定される。ダイヤとはダイヤグラムの略称で、列車運行図表のことを示す。1日の全列車を1枚の表に書きこんだもので、個々の列車の時刻が一目でわかる。次いで必要となる車両の運用と車両基地や駅の構内ダイヤが決められる。設備や技術だけでなく、「この停車時間では乗り降りが完了しない」等、乗客の流動の面から無理だと判断されることもある。途中で支障が出ると練り直しのために全体に修正作業が及ぶことになる。要するにすべての部門が支障なしのOKを出して一歩ずつ進んでゆく。

人の面では、運転士と車掌の運用を決める。人は車両と違って労働条件を守らねばならないから条件が厳しくなる。

全体論は以上のとおりであるが、運転士の持つ時刻表はそれを凝縮したものである。単なる発車・停車の時刻だけでなく、運転線路や駅の停止位置などすべてが記されている。停止位置についても表示の位置でよいのか、別に指定した場所なのか、とチェックがされている。

車両基地への出入りにしても、○時○分に○番線へ行き、６両編成を点検し、○時○分に入換信号機に従って進行してホームに入り、と個別に定めてある。

このダイヤグラム通りに動いていれば事故は起こらない。逆に、自分がこのダイヤを守らねば網のように組まれたダイヤが混乱し、それは全体に波及することになる。

ただし、ダイヤグラムは毎日同じものを使っているわけではない。平日と休日でダイヤが異なることもあるし、臨時列車が１本走れば多くの列車に変更が及ぶ。常時あちこちで行われている線路や架線の工事も、速度制限を伴ったり、電圧降下に注意が要ったり、それぞれの列車に乗務する運転士の時刻表に注意として載せられる。

何も変更がない日は稀《まれ》であり、「予定のとおり」というのは変更内容のひとつに過ぎない。現場では毎日が変更とチェックに追われている。

ホームの安全について

停車したとき、ホームの見通しは安全確認の条件として重要である。ホームの確認は車掌の仕事と思っていたらワンマン運転が増えて他人事《ひとごと》ではなくなった。

ホームに曲線が入るのはやむを得ないが、曲線外側ホームは最も見通しが利かない。曲線内方ホームはそれよりマシといえる。監視テレビを設置することもあるが停車中しか役に立たない。

仙台市営地下鉄はホームを例外なく直線にしたことで知られている。これは乗降の安全確保のために大きなプラスである。建設のときここまで配慮するのは難しいが、不可能ではない実例といえよう。

第7章　より速く

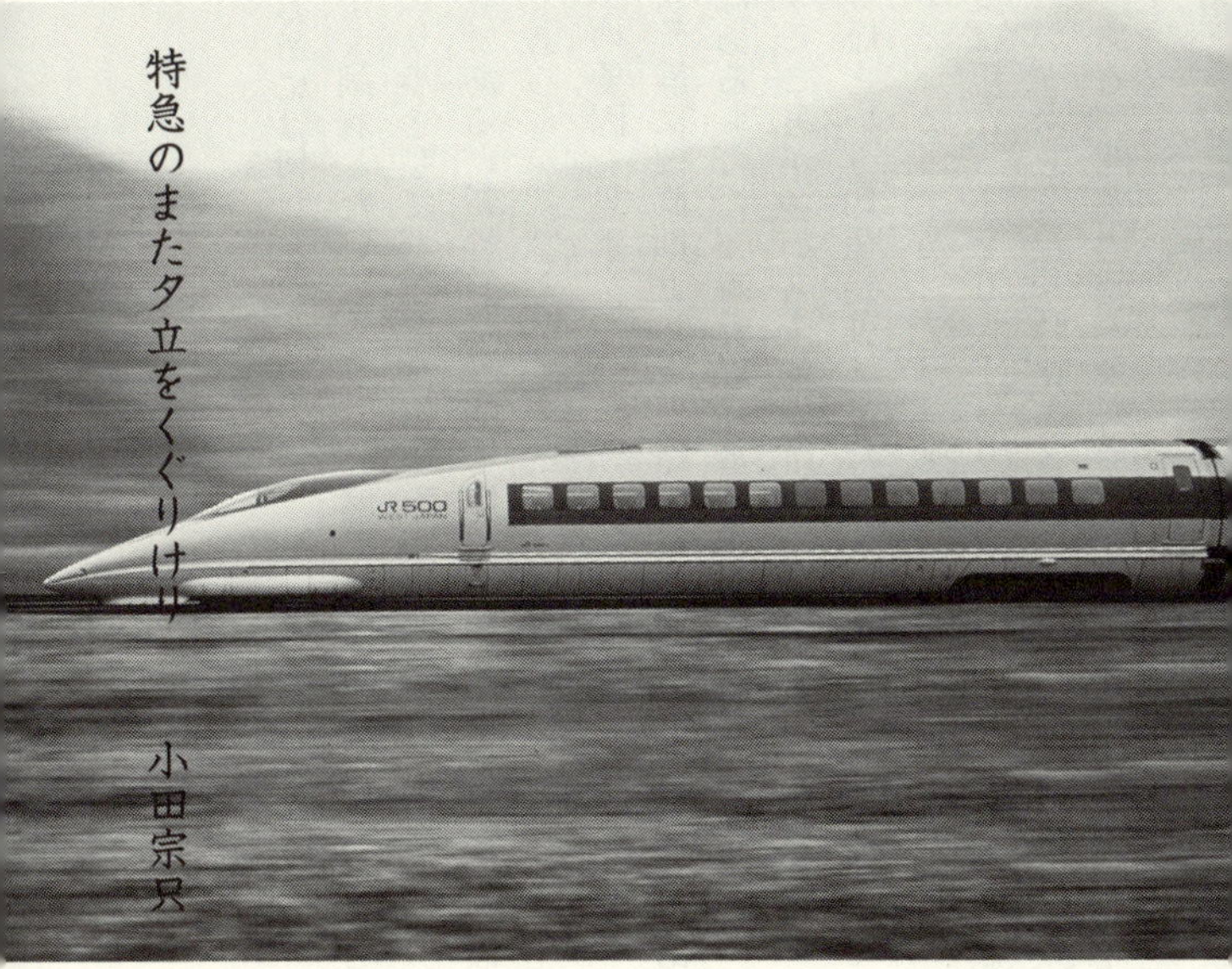

特急のまた夕立をくぐりけり
小田宗只

（写真・読売新聞社）

より早く到着するためには何が必要か？

乗客は目的地に早く到着したいと思うし、鉄道も早く送り届けたいと願っている。この「早く」という言葉が独り歩きして、誤解を招いている面があると思う。

その典型が新幹線である。新幹線が目的地に早く到着できるのは、最高時速３００㎞に達するスピードのためであろうか。答えがイエスなら50点。たしかに高速運転は時間短縮の武器であるが、もうひとつの要因を見逃している。

残りの50点は、新幹線には原則として線路に速度制限がないことである。ターミナル近くや特殊な場所の例外はあるものの、新幹線は常に最高速度で走っている。最高速度がいくら高くても、途中で減速することが多いと全体の所要時間はどんどん延びる。東海道新幹線が登場したとき、時速２００㎞という印象が強すぎたために、全線をこの速度で走行するというもうひとつの長所はインパクトが少なかったようだ。

在来線の最高速度は現在、１２０～１３０㎞であるが、いろいろな制限があるため最高速度で走れる区間は少ない。もし全線を時速１２０㎞で走れるとすれば、東京～大阪を4時間30分で結ぶことが可能である。開業当時の東海道新幹線の3時間10分に条件競争ができる数字といえる。

なお、東海道新幹線はその後に最高速度が時速270㎞に向上したため、速度制限箇所が介在することになった。もう少し高規格の線路を建設していればとの思いが消えないが、これは鉄道が永遠に繰り返す宿命なのであろう。

前置きが回りくどくなったが、「より速く」のためには目的地までの所要時間を短縮することが大事という原点に帰ることが重要である。スピードアップと聞けば最高速度の向上が脚光を浴びるが、あとの50点を思い起こしてほしい。

それでは、目的地に早く着くための条件は何であろうか。

停車中は進行距離0

時間短縮に最も効果が大きいのは停車駅を減らすことである。停車中は時間が経過しても進行距離は0である。その前後も停車のための速度低下を伴うから「より速く」のためには大変な無駄となる。山手線などでは停車駅1つにつき1分〜1分30秒が増加し、新幹線では5分を超える時間が無駄になる。

速達の使命を持って通過を原則とする列車を見ると、現状では停車駅の多いことが目に付く。長距離の特急ではなく、毎日のように利用する身近な快速列車で特にその感を深くする。地元にとっては快速列車が停車してくれることはサービス向上と歓迎されるであろうが、全体を俯《ふ》瞰《かん》すれば、もう少し停車駅を整理するのが鉄道の使命ではないかと思う。

具体的な名を出すのは遠慮するが、快速の停車駅が多すぎる線区がある原因は、緩急接続、つまり各停と快速の乗り換えの問題であろう。乗換駅で接続がよく乗り換えが負担にならないならば、乗客は自分が乗降する駅を快速が通過しても許容できるはずである。

速度制限を減らそう

二番目の方法は、速度制限箇所を減らすことである。初めに記したように全線を最高速度で走るのが理想であるから、制限のために速度低下を繰り返すとすれば、停車駅が増えるのと同じ理由で運転時間がいたずらに増加する。

0系こだまが700系レールスターを待避する（三原駅）

速度制限による運転時間の増加を抑制するためにはさまざまな方法がある。

まず、運転士の技術によって速度制限の影響を最小限に抑える方法である。制限箇所に対する運転士のブレーキ扱いについては第4章で述べたとおりである。速度制限箇所の直前で制限速度に落ちるようにブレーキを扱い、速度制限箇所を抜けるとただちに加速するものである。

ベテランと新任者で運転時間に想像以上の差が出るから、日々の修練による技量が試されるときでもある。

次に、速度制限の原因となっている箇所を改良する方法である。ただし、これには費用がかかる。

速度制限の典型として分岐器がある。主要駅での発着時や通過駅の分岐器の制限による速度低下を、当然だと諦めるか、少しでも向上しようと努力するか、駅の配線などを見ると鉄道会社によって姿勢が異なるのがわかる。

JRのある線区で特急の運転回数が多いのに、各駅の制限速度が時速35km、45kmと続いて驚いたことがある。この場合は、駅を通過するたびに、時速50km以上の減速と加速を繰り返すことになる。JR東海道本線でも大阪駅は改良によって主要ルートの進入・進出の制限を時速60km以上へ向上している。横浜駅は時速35kmが残っているが近いうちに改良されるであろう。

分岐器を緩くしたり、1線スルーとして通過列車は駅の分岐器の直線側だけを通過するようにすれば、速度制限の向上のみでなく、広義における事故防止にもプラスすることは明らかである。この1線スルー方式は1961年に国鉄四国局が本格的に採用したが、その後の採用は遅々としていた。障害の多くは用地の問題であるが、最近は改良が増えているのはよろこばしい。1秒に追われる運転士にとっても士気高揚につながる。

速度制限のもうひとつの典型として曲線制限がある（第3章参照）。曲線もカントを増やしたりレールを重軌条化することによって、通過速度をある程度上げることができる。

振子車体への誤解

線路の制限条件を緩和するには多額の費用がかかる。線路側で改良できなければ車両で対処する方法がある。曲線の通過速度を上げるために、軽量化や重心低下の改良が続けられてきた。JRの特急電車381系ではそれまで屋根上に設置していたクーラーを床下に設置するなどして重心を低下させ、アルミ合金の車体を使用して軽量化を図った。381系で重心低下と軽量化は完成した感がある。

同時に381系は振子方式も採用した。振子方式とは、車体を重心より高い位置で支え、曲線で遠心力によって車体が外側に振られ、結果として車体が内側に傾く方式である。

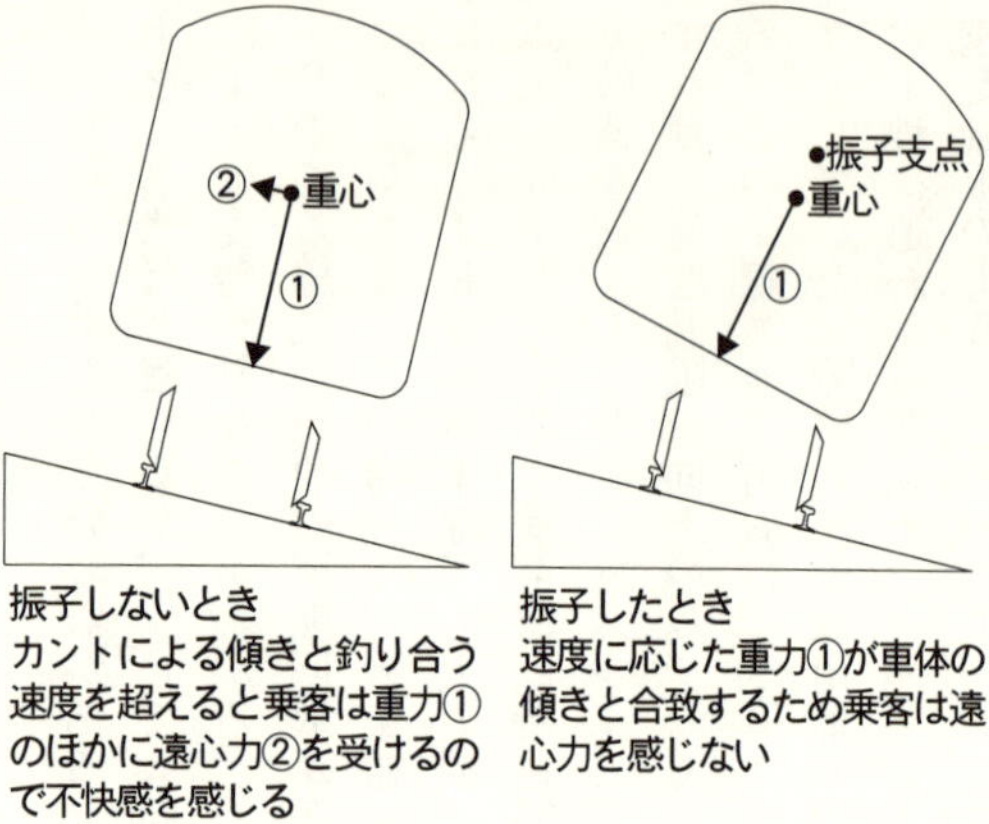

振子しないとき
カントによる傾きと釣り合う速度を超えると乗客は重力①のほかに遠心力②を受けるので不快感を感じる

振子したとき
速度に応じた重力①が車体の傾きと合致するため乗客は遠心力を感じない

振子の仕組み

しばしば振子方式は、「車体を内側に傾けて遠心力を相殺することによって速度を向上させ

2000系　曲線通過を正面から見るとカントの傾きよりさらに大きく傾いているのがわかる。車体下部が曲線外側へ偏っているのも観察できる（写真・JR四国）

る」と説明されるが、それは誤解である。車体が振子すれば車体重心は曲線外側に移動するので、遠心力による脱線を防止する面からはマイナスになる。つまり振子方式は乗り心地の改善であって曲線通過速度の向上には寄与しない。

ただし現実には、遠心力による曲線通過時の乗り心地悪化も速度向上の障害になっていたから、振子はこの原因を解消したことになり、決して無意味ではない。

当初の形式は自然振子で遠心力のみで作動していたが、作用の遅れと振子不足によって乗り心地改善には充分とはいえなかった。乗客が振子の揺れに酔うという現象も発生している。

この自然振子の動作遅れをカバーするために、動力で補助する機構が設けられた。あくまでタイミング補正であって原理は自然振子である。設定されたプログラムにより曲線の始端と終端で作用するのでまったく違和感がない。ＪＲ四国の２０００系以降から本格的に使用されているが、振子を意識することがないほどスムースな動作になっている。

振子による車体傾斜に対して、強制的に車体を内側に傾斜させる方式がある。これは車体重心が内側に移動するから曲線通過の面からは理想的な方式といえる。自転車やスキーを想像すれば説明は不要であろう。問題点は停車時の転覆に対する安全度が低くなることと、万一の誤動作によって反対の外側に傾斜したときの安全性である。したがって、この方式は誤動作しても安全な範囲に絞られる。新幹線のＮ７００系などで採用されている。

最高速度の向上

第三の対策として最高速度の向上が登場する。国内の路線において最高速度で走れる区間は平均１／５というから、最高速度を10％上げても時間短縮は微々たるものであろう。もっとも時間短縮そのものが微々たるものの集積ではあるが。

最高速度を上げる方法として、線路の改良が挙げられる。先に挙げた分岐器の制限速度の向上や曲線の通過速度の向上もそのひとつである。改良が困難ならば新線を建設するほうが手っ取り早い。曲線や勾配の緩やかな高規格の線路を作ればよい。これは最終的には新幹線のように常時最高速度で走れる線路を作ればよいということになる。道路を見れば、主要道路の改良はほとんどバイパスや高速道路などの新路線の建設によっている。これに対して国内の鉄道線路はほとんど建設当時のままで急曲線が多い原因となっている。

鉄道は全盛期に当然行うべき線路改良を怠ってきたという論があり、現在の速度制限の多さを考えると正論だと思う。ただその全盛期が戦争と戦後の混乱期と重なり、自主的な設備投資ができなかったことを理解する必要がある。

定格速度――スタートダッシュか巡航速度か

最高速度を向上させる方法として、次に速度の速い車両を作ることが挙げられる。

電気車両には定格速度が付いて回る。定格速度とはモーターが最高出力を発揮できる速度である。

自動車は変速機を利用するため、発車から最高速度までエンジンが最高出力を発揮できる。これに対して電気車両は変速機がなくモーターは車軸に直結されている。このためモーターの最高出力を発揮する速度を指定すると、それより低速でも高速でも出力は低下する。定格速度は設計の段階でモーターと車輪とをつなぐギアの比率を変えることで自由に設定できるが、この決定によって車両の性格が決まってしまう。

出力は回転力×回転数であるから、定格速度を低く設定すると加速力が大きくなり、スタートダッシュでは負けない車両となる。陸上競技の短距離選手といえる。その代わり高速度域では息切れがして不利となる。

逆に高い定格速度を求めると、発車後の加速力が低下して歯がゆくなる。その反面、高速度域では余裕を持って加速することができる。中距離競技の選手にたとえればよいと思う。

JRの車両の定格速度を紹介しよう。パターン分類を明確にするため、あえて旧い形式を並べてみた。どの速度域の加速力に重点を置いているか、用途別の区分の参考としていただきたい。なお定格速度は針のような頂点ではなく台形のように幅があり、基準となるのは上側の低い数字である。

用途	名称	定格速度	最高速度
通勤型	103系	時速33〜58km	時速100km
近郊型	115系	時速49〜74km	時速110km
特急型	485系	時速69〜101km	時速120km
新幹線	0系	時速167km	時速210km

山手線のような駅間の短い線区では、スタートダッシュの鋭さが運転時間の短縮に最も有効である。いっぽう、特急列車のようにほとんどの駅を通過する列車では、制限通過後の速度向上のため、高速度での加速力が必要とされる。

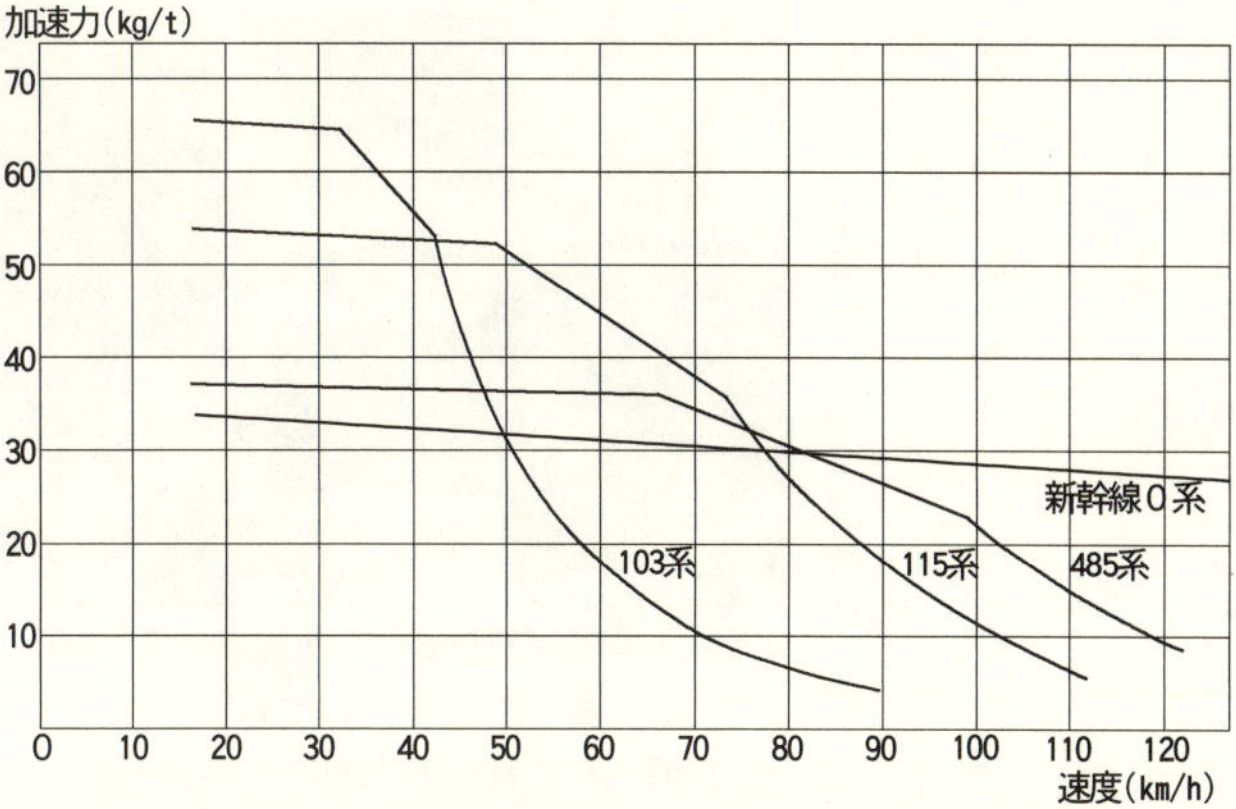

加速力曲線　特性の差を明確にするためあえて旧形式を並べてみた。通勤型の103系は低速域での加速力を重視し、近郊型の115系は中速域で、特急型の485系は高速域で勝ることが読みとれる。新幹線０系はさらに高速域を目指している

問題は３〜４㎞の駅間を持つ区間で、それぞれの線区に適切な性能が要求される。不適切な車両を運用すると無駄が多いのみならず、無理な運転を繰り返すことになる。事故防止の面でも望ましくない。

ＪＲの前身である国鉄を振り返れば、通勤型の１０３系を標準として各線区へ無差別に投入した感がある。本来は山手線のように１〜２㎞で停車を繰り返す線区に適したものだったが、常磐線の取手《とりで》快速や山陽本線の岡山地区のように停車駅間の長い線区にまで投入されてしまった。線区の特性に応じて数種類の車両を準備すれば、はるかに合理的な運用ができたはずだと残念である。

最近の車両はモーター出力に余裕が充分あることから、使用区分によって定格速度

三線軌条　標準軌（1435㎜）と狭軌（1067㎜）とはこれだけレールの間隔が異なる。同じ車体が載ることを考えれば安定度においては大きな差が生じる。車両は狭軌の小田急（箱根登山鉄道入生田駅）

を変えることなく、あらゆる用途に使用可能なタイプが増えてきた。通勤区間でも運転速度が高くなったことの影響もある。合理的だと評価するか、無駄であると批判するかは見方の問題であろう。

また最高速度に関連して上り勾配を挙げたい。鉄道にとって上り勾配は最大の走行抵抗であることは先に述べた。大きい重量を小さい動力で走らせる以上、避けられないことである。モーター出力はしばしば上り勾配を上る速度で決定されてきた。

現在は車両開発の進展に伴って、電気車両の出力増大は技術的な障害でなくなった。今後も必要なだけの出力を持つモーターが開発されるであろう。したがって上り勾配は速度向上を妨げる原因でなくなり、新製されつつある車両は最高速度をいつでも発揮できる状況にある。

狭軌と標準軌

日本の鉄道のゲージは１０６７㎜の狭軌と１４３５㎜の標準軌の２つが主体であり、両者の規格が混在している。１０６７㎜という端数は3フィート6インチの換算である。１４３５㎜は4フィート8½インチとなる。１８７２年の鉄道開業当初は狭軌で建設されたが、ヨーロッパの先進国とのハンディをなくそうと、１９２０年頃に全国を標準軌に広げる計画も立てられたが、政争に巻き込まれて中止になっている。

より速くという観点から見て、標準軌と狭軌という軌間の差は速度向上に関わっているだろうか。標準軌の阪急・京浜急行と狭軌の小田急・南海を比較しても標準軌の優位は感じられず、狭軌でも充分カバーできるという論がある。いっぽうでは、標準軌は同じ曲線でも狭軌より制限速度が高いという現実への指摘もある。

白紙に戻って考えれば、支点となるレールの幅が大きいほうが優れているのは事実である。曲線の制限速度を高くできることは何よりも大きな魅力であろう。曲線におけるカントは曲線上で停止したとき転倒しないよう安全性の観点から制限されているが、標準軌は狭軌よりもカントを大きくできるので、結果として曲線制限速度を高くすることができる。

線路の保守の面でも標準軌の利点が多いとされる。列車の動揺を同じに抑えようとすると、狭軌で左右レールの高低差が１㎜以内を

主な鉄道の軌間

1435㎜	新幹線、京成電鉄、京浜急行、阪急電鉄、阪神電鉄、京阪電鉄
1372㎜	京王電鉄（井の頭線を除く）
1067㎜	JR在来線、東武鉄道、西武鉄道、小田急電鉄、東京急行、相模鉄道、名古屋鉄道、南海電鉄

限度として保守するとき、単純計算すると標準軌では誤差が1・3㎜まで許容できることになる。これは線路保守費の軽減となり、同じ精度の保守をすれば線路の精度が向上することになる。

これらの長所に目をつむり、新設鉄道に狭軌が採用される例が多いのは残念に思える。やむを得ない場合があるのはわかるものの、他線と接続しない仙台市営地下鉄やつくばエクスプレスなどは標準軌での建設は不可能だったのだろうか。

第８章　運転士の思い

昨日《きぞ》越中今日は近江の紫陽花と汽車牽く贄をば人知らざらむ

荒家信一

1　運転士にできるサービスとは？

運転を担当する当事者から見て、上手な運転、理想的な運転とはどのような運転であろうか。交通機関の三原則である、安全・高速・快適を追求すれば答えはおのずから明らかであるが、乗客の目から思いうかぶものとは異なる部分があるかもしれない。

第一は運転速度が低いこと

意外に感じられるかもしれないが、速度が低いほど動力費が少なくなり、速度制限箇所を余裕を持って通過できる。何かのアクシデントがあった場合も影響が小さくて済む。遅れたときの回復も早い。安全・快適・経済運転に貢献できる。

ただ、このために運転時間が延びては意味がないので、他の無駄を省き、諸条件を工夫して、この余裕を生み出すことになる。毎日同じ列車に乗ることがあれば観察していただきたい。定時運転なのに今日はいつもよりゆっくり走っていると感じたら、運転士の技量が高いと判断して間違いないだろう。もっとも都市圏の高密度区間では自分流に走る余裕を求めるのが無理かもしれないが。

第二に大きいブレーキを使用すること

大きいブレーキは減速度が大きく、ブレーキ距離もブレーキ時間も短くなる。結果として運転時間も短くなり、その分を走行速度の低下や遅れの回復に回せる。安全・高速に貢献できる。

衝動防止と反するように聞こえるが、使用開始と停止直前をスムースに行えば、大きいブレーキそのものの不快感は少ない。ソフトに立ち上げてグーッと強いブレーキを使用しソロリと緩めて止まればよい。言うは易く行うは難しい。

運転士の技量のみでなく、電車の性能と会社の指導方針が大きく影響する。客室から見ていても鉄道によって大きな差があり、時には歯がゆいほどソロソロとブレーキを使用するのを実見する。せっかくの高性能車が泣いている。

もうひとつ、ブレーキと同じ意味で発車後の加速を大きくすることがある。これは運転士がコントロールできず、ここに記すのは筋違いであるが、動力装置が許すかぎり急加速を行うのが望ましい。起動の衝動防止のためのソフトスタートは前に述べたとおりである。

加速時のモーター電流は設定値に保たれるが、応荷重装置の項で説明したように、荷重に応じてモーターの電流値を増加させる方式はこの目的に適っている。

JRの105系などでは、急加速が必要なときモーターの電流値を臨時に増加させる装備を持つものがある。ラッシュ時に使用すれば効果が大きい。

第三は速度制限のクリアの仕方

速度制限があれば制限いっぱいで通過するのが望ましい。制限箇所も速度の余裕がほしいところだが、許された速度で最高効率を求めればこうなる。高速・安全に貢献できる。

制限箇所の手前ではブレーキ、通過後には力行となる場合、ブレーキは停車と同じく無駄と衝動のない大きなブレーキが要求される。制限箇所の50ｍ手前で制限速度に落とせば50ｍの区間は無駄な速度低下を行ったことになる。

通過後の力行も最後部が通過した瞬間に加速を始めるのが理想である。制御器の構造と動作を理解していなければ、1秒の無駄もない力行は難しい。またノッチ投入のやり方で力行の衝動も違ってくる。衝動を発生する電動車よりも受け身になる付随車のほうの衝動が大きい。

第四として、無駄な時間の短縮

出発合図を受けてからノッチ投入までの時間は全部がロスタイムとなる。多くの鉄道ではドアが閉じた表示の点灯が出発合図であるが、同時にこの点灯でマスコンの電源が活きるシステムとなっている。これを逆用して、関西地区では国鉄時代にノッチ投入して発車を待つ方式を採用した時期がある。

これによればドアが閉じた瞬間に電車は起動する。1秒の無駄もない。さすがに安全面からの懸念で中止されたが、無駄を省くという発想は優れていたといえよう。運転時間を1秒短縮するためにどれだけのスピードアップが必要かを理解すれば、無駄な時間の解消に向ける執念を読み取っていただけると思う。

停車してドアが開くまでの時間も完全な無駄である。車掌に入念な確認を要求しているものと、停車すればただちにドアを開けるものを比較すれば、1秒を超える差を生じることになる。だがホームを外れているのにドアを開けた実例もあるから、安全の面で確認動作は譲れない面があるのだろう。

ドア機構の差もある。車掌がドアのスイッチを扱ってからドアが動くまでのロス時間である。JRの103系は1秒以上の遅れがあり、遅れの回復に努めているときは歯がゆい思いであった。

停止位置の合致と衝動防止

ホームにドアの位置を表示していれば、停車位置のずれが1mであっても並んでいる乗客には影響が大きい。停止すべき位置は線路に表示されているのだが、問題は停止の瞬間まで運転士に見えるかどうかである。停止寸前で視界から外れれば、運転士は最後の数mをカンで合わせることになる。

停止位置の表示が完全なのは新幹線で、運転士は目標が自分の真横に合致するまで視認できる。新幹線は運転士の座席中心を停止位置に合致させる方式のためにそれが可能だが、多くの鉄道では列車前頭（連結器の連結面）を合致させるため、停止位置の目標が死角に入ったり、見えていても前頭が正確に合致した確認ができない。

筆者の経験では、主要駅では運転士真横の目標を自分で定めていた。ホームの広告の○の字に合わせる、といった方法である。こうすれば10㎝未満の精度を得ることも可能である。

衝動の防止

衝動防止は鉄道に限らず交通機関すべての必須条件であろう。特に座席がなく立っている乗客を第一に考えなければならない。バスも同じだがバスの車中で手放しで読書などする乗客がいるだろうか。それだけ鉄道への信頼が大きいのだと思う。

鉄道の衝動のうち、上下動と左右動は線路や車両から受けるものであって運転士がカバーできるものではない。したがって運転士の技量は前後方向の衝動防止に集中することになる。

加速の衝動はマスコン扱いによるが、制御器の自動化が進んで衝動を感じることは稀になった。抵抗制御の形式では今でもノッチオフの衝動を感じることができる。

ブレーキは運転士の操作のままに作用するので、運転士の腕の見せどころとなる。特に停止位置の合致と衝動防止は相反する項目で、両立させるのは困難である。運転士は停車のたびにこの難問にチャレンジしている。

2　運転室のレイアウト

運転室の機器配置

運転室は左側にあるものが多い。これは入換作業やホーム確認など左側の窓から外を見る作業が残っているからであろう。外国車両の写真では前方しか見えないと思う配置を見ることが

さまざまな運転台　上から小田急8000系、JR211系、JR223系、東葉高速鉄道2000系

運転台の高さ　左から低運転台（103系）、高運転台（115系）、特急型運転台（381系）

ある。日本だけが細かい作業を行っているのか、筆者には確認する方法がない。

運転士の操作の中心である、力行のためのマスコンとブレーキハンドルは最近になって大きく変化している。長く続いてきた、左手でマスコン、右手でブレーキ、というタイプから、ワンハンドルへの移行が進んでいる。それも両手方式から片手方式へ、右手から左手へと進んでいるように見える。もっとも各鉄道によってスタイルが決まるので全部が移行するわけではない。

左手のワンハンドルはどんなものか、経験のない筆者にはわかりかねる。経験から言えば突飛とも思えることも慣れれば苦にならないから、それなりの長所があるのだろう。両手方式でも、縦軸方式から横軸方式に移行が続いている。これも運転士の居住性を考えると前進といえるだろう。

運転士席の高さは、踏切事故などの想定から積極的に高くした時期を過ぎると、また低く戻る傾向を感じる。経験者の意見としては、立った場合と座席に就いた場合とで上半身の高さが変わらないのがすべての作業に便利である。この場合、座席の床面を車体床面より約40㎝高くすることになる。

運転室の環境は順次改善されているが、運転士の意識とずれていると思うことが多くある。いずれも些細《ささい》な問題であるが、乗務中は座席に縛り付けられる運転士にとっては小さな対策が大きな救いとなる。

運転中に両手を置く位置はマスコンとブレーキが普通であったが、ワンハンドルの採用で変わりつつある。膝《ひざ》へ置いたり、腕を組むことは適当でなく、どこかに置かないと様にならないし、緊急時の操作を行うための準備としても手の置き所が必要である。

ともかく何かの基準を作るのが前提である。ワンハンドルでは計器盤に握りを設けたものもある。国鉄時代の電気機関車は左手を汽笛に、右手をマスコンにというのが原則であった。さらに遡《さかのぼ》って蒸気機関車では左手は窓枠の肘掛に、右手をブレーキへと定められていた。

無理な姿勢を義務付けても実行度が落ちるから経験を含めて決められることになる。運転士も自分の意見を言うべきであるし、それを集めるシステムも重要である。業務に直接関係ないとしてこういう提案を斥《しりぞ》ける雰囲気は戒めるべきと考える。

座席は重要な条件であるのに管理部門の関心を惹《ひ》かないようだ。まず位置の問題がある。前後の調整機能はほとんど備えているが、左右の調整はまだ充分とは言いがたい。高さは身長差を考えて調整範囲が大きく不便なものは少ない。座席の座面は本来水平のはずだが、わずかな傾斜でも運転士は無理な姿勢を強いられる。特に折り畳み式では狂いが発生しやすい。自分の座布団を持参するのは国鉄時代では常識であったが、座席の改良が進んで最近は見られなくなった。１０３系や１１５系ではまだほしい場合がある。当事者の運転士から苦情が出るべきなのだが、年代が若返るにつれて従順な姿勢が増えている。蒸気機関車を経験した年代には理解しがたい現象でもある。

計器などの照明は眩《まぶ》しさと見やすさのバランスが難しい。最近は計器のＥＬ照明が増えているが、見やすい長所は認めても発光源を見る眩しさは疲れが多いと感じる。やわらかい間接照明がベストなのだが復古調と笑われそうだ。デジタル時代ではたわごとなのだろう。

ＪＲでは停車駅通過の事故が頭痛の種だが、運転指示書である時刻表は見るのに不便な位置にある。私見としては計器盤の中央に置くべき重要な機器であると思うが、正面から外れているものが多い。見る意識があればどこにあっても同じだという精神論が現状では優勢である。

エアコンは運転士の身体に吹き付ける構造が多いようだ。効果を考えればそのほうが有効であろうが、もっとソフトな冷暖房がほしい。運転士１人のために広い運転室のエアコンを設けるのは無駄であるとの考えだろうか。いっぽうで車掌は停車駅ごとにホームに降りるので、冷房も暖房も強力なものがほしいとの声を聞いている。

前面の計器盤には、計器・表示灯・スイッチ類がある。計器は増える一方であったが最近は整理されて減少が図られている。本当に必要なもののみ置くという本来の姿に戻っているといえよう。表示のディスプレイ化もそれを後押ししている。

速度計は、見る回数が最も多い計器であるが、その位置は鉄道の考え方が現れていて興味深い。計器盤の一等地は中央か左よりであるが、ここを他の計器や表示に使用しているものも多い。

ブレーキ関係の空気圧力計は速度計に次いで見る回数が多く、１つの圧力計に赤と黒の２本の指針を納めて設置数を減らしている。どの形式でも空気源となる元空気ダメの圧力計があり、所定範囲を赤ゾーンで示しているものが多い。次いでブレーキの作用を示すものがある。これも運転士からの指令圧力を示すもの、ブレーキシリンダー圧力を示すもの、とさまざまである。

主回路（走行用動力の回路）電流計の装備は鉄道によって方針が異なっている。動力やブレーキの作動状態を見るのは興味深いが、運転への必要度は高いとは言えない。運転用電力は鉄道経費の大きな割合を占めるので、運転士に意識させるのが目的だという鉄道会社もある。

架線電圧は運転士の関心が高いはずだが計器盤にないことが多く、あっても縦型の小型のものが増えてきた。都市圏の高密度区間では充分な容量の変電所が設置されて、架線電圧は見る必要がないのかもしれない。本当に必要とするのは１５００Ｖからどう変動したかであり、小型のものでは読み取りが困難である。停電か通電かの判別を目的とするのなら現状で充分であるが。

低圧電圧計は制御関係やサービス関係の電源で、正面にある必要はない。トラブルがあってもただちに危険につながるおそれはなく、正面から外すものが増えている。いざというとき横や上を見れば確認できる程度でよい。

動力装置・ブレーキ・ドアなどの表示は、表示灯がズラリと並ぶものが多かったが、最近はディスプレイ化が進んでいる。しかし表示が詳しすぎて運転士がふだん見る態勢ではない。ただし異常が生じたとき、故障の種類と場所を判断するのに威力を発揮することだろう。

一時代前の形式は計器数が多かった。JR115系では、速度計1個・空気圧計3個・電圧計2個と6個の計器が並んでいた。机上で考えればあれもこれも必要だとなるし、運転士も目に入るほうが安心との意識があった。それだけ運転操作に余裕があったのであろう。

改良が進んでいるものの、ユーザーである運転士からアンケートをとれば、計器盤配置はもう少し使いやすいアイデアが湧くものと思われる。

機器のロック

運転室は鎖錠されるから外部から操作されるおそれはなく、機器類は露出したままでも支障ない。いっぽう運転操作の中心であるマスコンとブレーキは編成の2箇所から扱うと混乱し危険であるから、前頭運転室以外のマスコンとブレーキは何らかの形でロックする必要がある。

古くからの方式は、マスコンの操作はキイを必要とし、ブレーキはハンドルを挿入する方式で、運転士はキイとハンドルを持ち歩く方式であった。

最近のものでは、キイ1つによる方式が主流となり、キイを抜くことで関係機器をすべてロックすることができる。乗務のとき重いブレーキハンドルを持ち歩く必要がなくなった。また乗務する運転室でキイを挿入しておくと、他の運転室でキイを挿入しても無効とできるシステムである。

3　運転士の勤務

運転士はどんな勤務体系によって仕事をしているのだろうか。まず、列車ダイヤが出来上がると担当区間の列車を1本ずつ拾い上げた後、順次組み合わせてゆく。1線区を複数の乗務員基地が担当する場合もあるし、短い線区では1基地が全列車を担当することになる。

具体的には、運転士が交代する駅を区切りとして、A駅～B駅を担当する場合は原則として往復が1単位となる。次はこの1単位を組み合わせる順序となる。

その前に1単位の勤務時間を計算しておく。走行している正味の運転時間のほか、乗務前後の準備時間や見送り時間、基地からホームまでの所要時間なども含める。細かすぎる感じがするが、列車の時刻そのものが秒単位であるから、付帯時間をどんぶり勘定するのは無理である。

勤務時間の総合計が出たら1日の勤務時間から逆算して、これだけの列車を毎日動かすために必要な運転士数が判明する。これは勤務日のみで休日分はさらに上積みすることになる。

次に、1単位の乗務を組み合わせて1日の勤務を作成する。列車がラッシュ帯に集中して昼間は少ないのが普通なので、組み合わせは苦労する。また車両が基地へ出入りする場合はその時間をプラスする。始発・終着とも、基地までの時間、留置または起動点検の時間はかなり必要である。

勤務時間の実例を記す。数字は状況によって大幅に異なるが、基本的な考えは同じである。

1 出勤から点呼まで——15分　乗務する列車の注意事項の確認
2 乗務点呼——2分　注意事項の照合
3 ホームへ徒歩——20分　距離により設定
4 到着待ち——3分　到着の3分前からホームで待機
5 乗継して発車待ち——実時間　乗継（運転士の交替）を終えて発車まで待機する
6 発車から乗務終了まで——実乗務　この時間が正味の乗務時間と計算される。途中駅の停車時間を含む
7 到着・乗継後の見送り——2分　乗継のあとホームで待機し発車を見送る
8 乗務の後整理——10分　詰所への徒歩を含む

9　次乗務の準備――――――10分　ホームへの徒歩を含む

10　同じように4から9の乗務を繰り返し、勤務終了すると詰所へ帰る

11　後整理――――――10分　乗務報告の作成など

12　終了点呼――――――2分　乗務状態の報告

車両基地から出るとき

13　基地までの徒歩時間――――30分　基地が遠いと想像以上の時間がかかる

14　車両点検時間――――――25分　パンタを上げてドアや起動など動作点検

15　ホームまでの入換時間――――10分　実時間による

16　ホームで発車まで待機――――5分　線区のダイヤによりさまざまである。乗客サービス上は早くホームに据えたい

車両基地へ入るとき

17　到着後入換まで待機――――5分　客室点検など

18　車両基地までの入換時間――――10分　実時間による
19　車両を留置する時間――――10分　ドアの鎖錠確認、留置手配
20　詰所へ帰る徒歩時間――――30分　運転士の時給を計算するとタクシー利用のほうが経費が少ないこともある

いくら工夫しても、出勤と退出が早朝深夜に広がるのは避けられず、通勤のできない時刻を設定するのは望ましくない。ここで深夜終了を翌日の早朝出勤へつないで、2日にわたって1勤務とする考え方が登場する。この場合は宿泊設備が必要となるが、運転士個人に負担させるのは無理で、ほとんどは鉄道会社が負担している。

2日勤務は例外ではなく、勤務の過半数を占めることもある。2日勤務では出勤と退出の時刻が昼間の無理のない時間帯となり、運転士個々も歓迎する者が多い。

勤務時間

運転士のホーム出場についても時間が指定されている。乗務開始時は到着の○分前とか、乗務終了時は発車を見送るまでとか、準備時間と呼ぶこれらはもちろん勤務時間として計算される。

勤務時間のうち、列車を運転している実乗務時間の割合を乗務率という。JRは発足当時に

50%台であったが、現在では相当高い数字になっているはずである。乗務率が低くても別に遊んでいるわけではなく、運転以外の仕事が多いことを意味する。特に短区間を往復する場合は折り返し作業の時間が増えて乗務率は低下する。

乗務の継続時間は、運転士の疲労と事故防止から見て重要な条件であるが、鉄道労働科学研究所のデータでは、1時間30分程度の乗務と30分程度の休憩を繰り返すのが最良となっている。これは運転士のミスが、慣れるまでの初期と、疲労がたまった後に増えるバスタブカーブであることによる。短い線区では折り返しを連続させてこの時間に近付けるのが望ましいとされる。

JRでは山手線1周が1時間であり、大阪環状線は2周で1時間20分となっている。長距離線区では、東京から熱海《あたみ》、上野から水戸・宇都宮・高崎、大阪から米原《まいばら》・姫路《ひめじ》が適当な距離になる。

脱線するが、旧国鉄では実乗務時間とその他の時間のウェイトに差をつけ、換算制度を採用していた。両者を同じ重さに考えるのはアンバランスだという論である。国鉄の最終期には実乗務時間を140%に換算、その他の時間を70%に換算していた。運転士の感情を代表しており合理的な考えであるが、現在はどの鉄道でも採用していないようだ。

運転士の勤務の不規則さによる生活への影響を、思いつくままに記してみよう。

不規則な勤務といっても多様である。深夜や早朝であっても、毎日同じ時間帯ならばリズムを合わせやすいが、運転士の乗務ダイヤは毎日の時間帯が変わるので体調を合わせる負担が大きい。

初列車から終列車までの時間帯を考えると、そのうちいわゆる生活時間帯は半分であろう。われわれには、解放されて休むべき時間帯に仕事をしているとの意識が多分にある。現代社会において珍しくはないとのお叱りもあろうが、われわれの仕事の半分は早朝と夜間であることを理解してほしい。

これは睡眠時間が毎日ずれることを意味する。しかも、目をこすっていても乗務のときは意識を緊張させることを強要される。この後遺症の影響によって運転士の居眠り要注意時間帯は

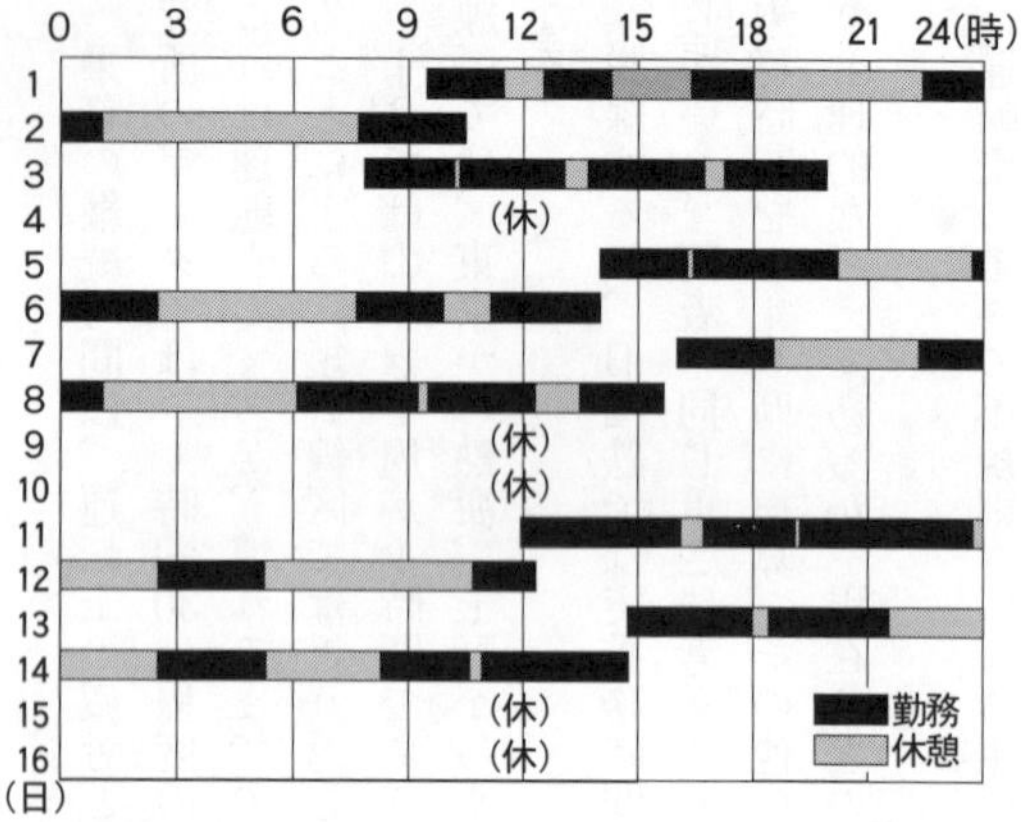

勤務表の例　筆者在職中のもの。16日で循環する。つまり、この勤務表で受け持つ列車を動かすために16名の運転士が従事する。休日が多く見えるが年間を平均すれば1日の勤務時間は基準の通りになる。ブルートレインも担当していたので深夜の乗務が入っている。ヒマのある方はこのリズムで16日間を過ごしてみませんか

10時〜12時というのがわれわれの常識である。なにかあればマスコミは「真っ昼間に居眠りして……」と追及するが、当事者である運転士の環境を理解していないと受け止めている。

2日にわたる勤務の睡眠時間も重要である。就業規則や労使協定で最低睡眠時間は決まっていても運用次第で変わってくる。たとえば4時間を確保するといってもそれが勤務終了から翌日の出勤までの時間であれば、休養場所までの往復時間、食事やトイレという常識的な行動も含まれるので睡眠時間を削ることになる。一方では、それらを除いてベッドにいる在床時間を睡眠時間として計算する鉄道会社もある。

休養室を数人が利用する場合は、次々と出入りする気配で睡眠に支障を来すことも多い。繊細な神経の持ち主は余計な負担を背負うことになる。理想は防音設備を完備した個室化であるが、これも費用次第である。安全への投資として考えてほしいと思う。

食事の段取りも頭痛の種である。いくら不規則でも、それなりのリズムで食事を摂りたい。まして体調不良は事故の元であるから、空腹を訴える以前の問題ともいえる。突き詰めれば、必要なときに必要な場所に食事できる設備があるかという問題に行き着く。運転士の休憩する場所は駅付近の便利なところとは限らず、特に車両基地は不便な場所が多い。

また早朝深夜に営業している店などは望むべくもなく、特に早朝乗務の前に食事を摂れないのは体調管理の面のみでなく、仕事の士気に関わる重要な問題だと思う。対策として弁当を携帯するという手はあるものの、運転士の業務の性格上、難しい。やむを得ず持ち歩くことがあるが、格好の良いものではない。

ある鉄道での実見では、乗務員基地の社員食堂が早朝から夜遅くまで営業し、年中無休であった。閉店後の弁当も注文を受け付けるという。運転士を空腹で乗務させることはありませんという説明であった。こういう設備と費用の価値をどのように評価するかは、鉄道会社の方針であろう。

決まったダイヤに従う生活では祝日や正月も例外ではない。こういう休日は後から順次交代で休みを取ることになる。鉄道業に就いた以上は諦めているが、小さい子供のいる年代はこういう休日を一番休みたいと願っている。また忘れたころになって祝日を祝っても、さっぱり実感が湧かない。

女性運転士を見ることは珍しくなくなったが、今まで男性のみだった職場で完全に同一勤務とするのは当面無理であろう。24時間の勤務、車両基地での深夜の点検などを女性単独で行わせるのは抵抗がある。こういう心配そのものが同権意識を妨げているとの非難もあるが、現実に即してみると踏み切れない。社会全体の意識が変わるのを待つしかないと思う。

運転士の怖いもの

運転士が乗務中に肝を冷やすことは何だろうか。安全・正確・快適を脅かすものはすべて該当するが、順不同で並べてみたい。

（1）下り勾配

走行抵抗に占める勾配抵抗の割合が大きいことから、運転士は線路の勾配に敏感である。特に発車後の上り勾配と停止前の下り勾配は車両と運転士に大きな負担を強いている。下り勾配ではブレーキが不利になるのみでなく、その分さらに慎重な運転を行うからである。これは運転士の心理上やむを得ないことであろう。

これらの理由から、運転士席に就いて見ると、普通の勾配でもずいぶん急な坂道と感じる印象が抜けない。新幹線に添乗したとき時速２００㎞で走る運転室から眺めると、あの滑らかな線路がまるでジェットコースターのように思えた記憶がある。

（2）ブレーキの効きが悪い

形式により編成によりブレーキの効きが異なるのは当然であるが、個々の差については乗務後の観察によるほかはない。この心配は古い制輪子方式では常識であったが、新系列では差が少ないのと応荷重などの補正があって驚くことはなくなった。ただし電気ブレーキではわずかの差が発生しても影響が大きいから、運転士にとっては想像を超える驚きとなる。

（3）空転と滑走

第2章、および第4章で述べたように、空転と滑走は運転士にとって嫌な現象である。滑走はブレーキに関わるから嫌というよりも恐ろしい。

空転は運転士の技量にかかわらず発生し、防ぐ方法もないから、発生しても諦めがつく。滑走は模範的な大きいブレーキのとき発生するから何ともやりにくい。経験から滑走の起きやすい場所を予知するほかはない。この予感は結構信頼性が高い。

（4）雨・霧・霜

天候によるこれらの悪条件は前方注視を妨げるが、鉄道は第6章で述べたように信号機が見えれば運転に差し支えることは少ない。その代わり粘着力が小さくなることから空転と滑走を誘発する要素となる。

夜明けの一番列車のとき、霜による空転で加速できず大幅な遅れとなった実例がいくつもある。

（5）毎日がレンタカー

運転士は乗務する車両を選べない。運用が決まっているのだから前もって知ることは可能だが、定期検査の直前か直後かでブレーキの効きが微妙に異なることは経験している。ともかく乗務して最初の停車駅まではまったく白紙で臨まねばならない。そこをフォローするのがプロの腕なのだが、これだけはいつまで経っても慣れることはない。

その上に乗客の多少によって加速とブレーキが異なるから、同じ形式でも各列車が別の列車に感じられる。ある見習が言った次の言葉が今でも記憶に生々しい。「私たちは毎日レンタカーに乗るんですね、マイカーの乗り慣れた感覚とはまったく違う」と。

(6) 信号機の間近に止まる

停止位置のすぐ前方に信号機がある場合がある。駅では出発信号機となる。第6章で述べたように信号機の行きすぎは運転事故として扱われるから、万一ブレーキの効きが悪くて行きすぎたらと想像するとブレーキ扱いはより慎重になる。

筆者の経験では信号機の15m手前に停止する駅があった。地上で見ると充分な余裕だが走行する運転室からでは手の届くような感じがする。近郊路線ではもっと近い場合が多くあることだろう。

(7) ホーム端の乗客

高速度でホームに進入するとホーム端に立っている乗客にヒヤッとすることがある。混雑するホームで、後ろにさがってお待ち下さいというのは無理かもしれないが、カバンなどが車体に触れないかと心配することは間々ある。

運転士としてはどうすることもできない。接触しないのに緊急停止すれば、これも間の抜けた話になる。考えてみれば、ホームの端は落ちたら命に関わる崖《がけ》っぷちと同じである。平然と立っているほうが異常なのだが、これは鉄道の安全性への信頼と受け止めるべきだろう。

発車のとき車掌は同じ思いをするという。こちらは加速して行くのだから、運転士より緊張が大きいとも聞いている。

(8) 乗務中の居眠り

何をたるんだことを言うかとお叱りを受けそうだが、居眠り防止は最大の関心事である。不規則な睡眠を強いられると乗務中に眠気に襲われるのは避けられない。それも起床直後に目をこすっているときより、睡眠不足が集積した頃がこわい。

先に記したように、事故のデータを読めば陽が高くなった10時から12時頃にこの疲労が表面化することがわかっている。社会では一番張り切っている時間であるから、この内容を理解してもらうのは難しい。

眠くないのに寝なさいと強要され、眠いときに起こされて仕事をするのは、世間で珍しいこととは思わないが、ひとつ間違えれば事故に直結するのがこわい。

早朝に電車に乗るときや終電車で帰宅するときのほか、昼間の電車の運転士も疲れをためて乗務しているだろうかと、ご配慮をいただければ有り難いと思う。

コラム　事故の記憶について

長い間にはいくつかの事故に遭遇してきた。自分の責任を追及されるものがなかったのは幸運としか言いようがない。

事故の記録を知りたい読者が多いのでは、という質問をしばしば受ける。鉄道に興味を持つ読者にとって、保安システムと人間の注意力についての記録は関心の的だろう。

そういう声があることを知りながら、私は事故について述べたことはない。今後もないだろう。人命が失われるさまを目の当たりにすると、その状況は記憶から消えることはない。亡くなった方々には支えを失った家族が、多くの知り合いがいることだろう。もし私が書けば、いつかその人たちの目に触れるに違いない。自分がその立場になったらと考えれば、とても筆を持つ気になれない。

むろん事故を秘密にするつもりはない。事故の調査には隠さず協力するが、後は司法担当へ任すのが筋だろう。事故現場を通るたびに、二度と起きないようにと意識することが私なりの鎮魂だと思っている。

4　定時運転への努力

運転士は秒針に追われて走る仕事である。現在ではスピードアップが追求されて、次駅までの残り時間と速度を勘案して調整する余裕ある運転は少なくなった。ひたすら走ってやっと定時というのが常識になりつつある。

計算上は走れる時間でも、架線電圧や乗車率の変動で無理になる場合も発生するが、そういう理由を述べ立てて遅れを正当化するのはプライドにかかわるとして発言しにくい雰囲気がある。開き直ってもよいのだが、ダイヤの混乱を防ぐためには個々が正常運転を行うことという意識は芯《しん》まで叩き込まれている。そういう無理をしないと考えるべきか、安全のためには譲るべきか、難問といえる。ともかく安全・正確・快適の三要素は運転士の永遠の目標であろう。

列車が遅れる原因はほとんど乗降時間の増加である。運転士の責任ではないものの、遅れを回復しようとするのは運転士の本能であって、経験に基づく腕を振るうことになる。最も有効なのは右記の無駄な時間の短縮であり、次に制限速度を無駄なく通過することになる。三番目は無駄のないブレーキを使用することであるが、ブレーキに関しては「無駄なく」は「行きすぎ」の危険と隣り合わせている。

自分の運転による遅れも発生する。特にブレーキを慎重に使用すると、5秒の遅れはただちに発生する。これを回復しようとすればさらに無理を重ねることになる。無理とは停車駅のブレーキと速度制限をいかにピッタリと通過するかにある。速度低下の終了が制限箇所にわずかに入り込んだり、惰行で予期したほど速度が低下しなかった例は筆者も経験している。

どこまでが自信に基づく無理で、どこから無謀な運転か、個々の状況で判断するほかはない。遅れの回復を自己の能力に応じて行うのは当然だが、叱責《しっせき》を恐れて無理な回復をすることは厳に戒めるべきことである。

運転士の姿は背後から見えるだけであるが、彼ら彼女らが時計の秒針をどのような気持ちで見ているか、推測していただければ幸いである。

各章の扉に引用した詩歌の出典は下記の通りです。一部の詩歌について、現在のご連絡先が不明な作者がいらっしゃいましたので、ご存じの方は中公新書編集部までご連絡いただければ幸いです。

第1章扉　「機関車文学」52号
第2章扉　「交通新聞」文芸欄、1960年頃
第3章扉　「動く力」文芸欄
第4章扉　「てつどう文芸」4号
第5章扉　「交通新聞」文芸欄、1958年
第6章扉　「交通新聞」文芸欄、2007年
第7章扉　「動力車新聞」文芸欄
第8章扉　「動く力」文芸欄

本書掲載の地図は国土地理院発行5万分の1地形図「大垣」「長浜」（8ページ）、「京都西北部」（13ページ）、2万5000分の1地形図「倉敷」「箭田」「玉島」（56～57ページ）を使用したものです。

【ナ　行】

【ハ　行】

【タ　行】

【サ　行】

索引

【欧文・数字】

【ア 行】

宇田賢吉（うだ・けんきち）

1940年，広島県沼隈郡水呑村（現・福山市）に生まれる．
1958年，日本国有鉄道入社．糸崎機関区，岡山機関区，岡山運転区に勤務．蒸気機関車，電気機関車，電車に乗務．1987年のJR発足にともない，日本国有鉄道を退職し，西日本旅客鉄道に入社．岡山運転区，府中鉄道部，糸崎運転区に勤務．電車，電気機関車に乗務．2000年に西日本旅客鉄道を退職．
著書『鉄路100万キロ走行記』（グランプリ出版，2004，交通図書賞受賞）
URL : http : //homepage3.nifty.com/c6217/

電車《でんしゃ》の運転《うんてん》
中公新書 *1948*

2008年5月25日初版
2008年6月5日再版

著　者　宇田賢吉
発行者　早川準一

本文印刷　三晃印刷
カバー印刷　大熊整美堂
製　　本　小泉製本

発行所　中央公論新社
〒104-8320
東京都中央区京橋 2-8-7
電話　販売 03-3563-1431
　　　編集 03-3563-3668
URL http://www.chuko.co.jp/

Published by CHUOKORON-SHINSHA, INC.
Printed in Japan　ISBN978-4-12-101948-6 C1265

中公新書刊行のことば

いまからちょうど五世紀まえ、グーテンベルクが近代印刷術を発明したとき、書物の大量生産は潜在的可能性を獲得し、いまからちょうど一世紀まえ、世界のおもな文明国で義務教育制度が採用されたとき、書物の大量需要の潜在性が形成された。この二つの潜在性がはげしく現実化したのが現代である。

いまや、書物によって視野を拡大し、変りゆく世界に豊かに対応しようとする強い要求を私たちは抑えることができない。この要求にこたえる義務を、今日の書物は背負っている。だが、その義務は、たんに専門的知識の通俗化をはかることによって果たされるものでもなく、通俗的好奇心にうったえて、いたずらに発行部数の巨大さを誇ることによって果たされるものでもない。現代を真摯に生きようとする読者に、真に知るに価いする知識だけを選びだして提供すること、これが中公新書の最大の目標である。

私たちは、知識として錯覚しているものによってしばしば動かされ、裏切られる。私たちは、作為によってあたえられた知識のうえに生きることがあまりに多く、ゆるぎない事実を通して思索することがあまりにすくない。中公新書が、その一貫した特色として自らに課すものは、この事実のみの持つ無条件の説得力を発揮させることである。現代にあらたな意味を投げかけるべく待機している過去の歴史的事実もまた、中公新書によって数多く発掘されるであろう。

中公新書は、現代を自らの眼で見つめようとする、逞しい知的な読者の活力となることを欲している。

一九六二年一一月

地域・文化・紀行

t2

- 560 文化人類学入門（増補改訂版） 祖父江孝男
- 741 文化人類学15の理論 綾部恒雄編
- 1311 身ぶりとしぐさの人類学 野村雅一
- 1731 ブッシュマンとして生きる 菅原和孝
- 1822 イヌイット 岸上伸啓
- 1339 多文明世界の構図 高谷好一
- 1421 文明の技術史観 森谷正規
- 92 肉食の思想 鯖田豊之
- 1297 水道の思想 鯖田豊之
- 710 ドナルド・ダックの世界像 小野耕世
- 1698 日本 川紀行 向　一陽
- 1830 鉄道の文学紀行 佐藤喜一
- 1915 カラー版 東海道新幹線歴史散歩 一坂太郎
- 1649 霞ヶ関歴史散歩 宮田　章
- 1604 カラー版 近代化遺産を歩く 増田彰久
- 1542 カラー版 地中海都市周遊 陣内秀信 福井憲彦
- 1748 カラー版 ギリシャを巡る 萩野矢慶記
- 1692 カラー版 スイス―花の旅 中塚　裕
- 1745 カラー版 遺跡が語るアジア 大村次郷
- 1603 カラー版 トレッキングinヒマラヤ 向　一陽 向　晶子
- 1671 カラー版 アフリカを行く 吉野　信
- 1785 カラー版 フライフィッシング 齋藤直樹
- 1839 カラー版 山歩き12か月 工藤隆雄
- 1869 カラー版 将棋駒の世界 増山雅人
- 1926 自転車入門 河村健吉
- 1417 花が語る中国の心 王　敏
- 417 食の文化史 大塚　滋
- 1362 コシヒカリ物語 酒井義昭
- 1579 日本人のひるめし 酒井伸雄
- 1806 京の和菓子 辻　ミチ子
- 1386 吟醸酒への招待 篠田次郎
- 415 ワインの世界史 古賀　守
- 1606 ワインづくりの思想 麻井宇介
- 1835 バーのある人生 枝川公一
- 596 茶の世界史 角山　栄
- 1930 ジャガイモの世界史 伊藤章治
- 1095 コーヒーが廻り世界史が廻る 臼井隆一郎
- 1267 パンとワインを巡り神話が巡る 臼井隆一郎
- 1443 朝鮮半島の食と酒 鄭　大聲
- 650 風景学入門 中村良夫
- 1590 風景学・実践篇 中村良夫